# 中国海洋经济发展报告

## 2020

国家发展和改革委员会　自然资源部　编

海洋出版社

2021年·北京

图书在版编目（CIP）数据

中国海洋经济发展报告.2020／国家发展和改革委
员会,自然资源部编.— 北京：海洋出版社,2020.12
ISBN 978-7-5210-0721-3

Ⅰ.①中… Ⅱ.①国… ②自… Ⅲ.①海洋经济－经
济发展－研究报告－中国－2020 Ⅳ.①P74

中国版本图书馆CIP数据核字(2021)第005811号

责任编辑：高朝君
责任印制：赵麟苏

海洋出版社 出版发行
http://www.oceanpress.com.cn
北京市海淀区大慧寺路 8 号　　邮编：100081
中煤（北京）印务有限公司印刷
2021年1月第1版　　2021年1月北京第1次印刷
开本：787 mm×1092 mm　　1／16　　印张：6.25
字数：77千字　　定价：68.00元

发行部：62132549　　邮购部：68038093
总编室：62114335　　编辑室：62100038
海洋版图书印、装错误可随时退换

# 前　言

　　2019 年，国务院有关部门和沿海地方各级政府以习近平新时代中国特色社会主义思想为指导，全面贯彻落实党的十九大和十九届二中、三中、四中全会精神，按照《中华人民共和国国民经济和社会发展第十三个五年规划纲要》《全国海洋经济发展"十三五"规划》有关要求，坚持以海洋领域供给侧结构性改革为主线，稳步推进海洋经济高质量发展，海洋经济运行总体稳中有进。

　　为全面反映我国海洋经济发展情况，国家发展和改革委员会、自然资源部共同组织编写了《中国海洋经济发展报告 2020》（以下简称《报告》）。《报告》总结了 2019 年我国海洋经济发展的总体情况，对 2019 年海水利用业、海洋可再生能源利用、海洋药物与生物制品业的发展亮点进行了分析；介绍了沿海省（区、市）2019 年海洋经济发展主要成效、措施和 2020 年工作重点；总结了深圳、上海全球海洋中心城市建设阶段进展，以及海洋经济发展示范区的体制机制创新举措与成效。

　　《报告》中有关沿海地区海洋经济发展的情况由沿海省（区、市）发展和改革委员会、自然资源管理和海洋行政管理等部门供稿。同时，本《报告》在编写过程中得到了国务院有关部门的大力支持，在此一并表示感谢。

编　者

2020 年 11 月

# 目　录

# 第一章

# 我国海洋经济发展情况

# 第一节　总体情况

## 1. 海洋经济规模持续扩大，"引擎"作用继续发挥

2019 年，面对国内外风险挑战明显上升的复杂局面，在国民经济总体下行压力加大的情况下，我国海洋经济运行总体平稳，海洋经济总量持续扩大，全年海洋生产总值超过 8.9 万亿元，海洋生产总值占国内生产总值的比重为 9.0%，占沿海地区生产总值比重超过 17%，海洋生产总值与上年相比增长了 6.2%。海洋经济对国民经济增长的贡献率达到 9.1%，拉动国民经济增长 0.6 个百分点。

表 1-1　2015—2019 年全国海洋生产总值、增速及比重[1]

| 指标 | 2015 年 | 2016 年 | 2017 年 | 2018 年 | 2019 年 |
|------|--------|--------|--------|--------|--------|
| 海洋生产总值（亿元） | 65 534 | 69 694 | 76 749 | 81 899 | 89 415 |
| 海洋第一产业增加值（亿元） | 3 328 | 3 571 | 3 628 | 3 570 | 3 729 |
| 海洋第二产业增加值（亿元） | 27 672 | 27 667 | 28 952 | 29 890 | 31 987 |
| 海洋第三产业增加值（亿元） | 34 535 | 38 456 | 44 169 | 48 439 | 53 700 |
| 海洋生产总值占国内生产总值比重（%） | 9.6 | 9.4 | 9.4 | 8.9 | 9.0 |

---

1　《报告》中部分数据因四舍五入的原因，存在各分项合计不等于总值或海洋三次产业比重合计不等于 100% 的情况。《报告》中部分指标存在年度数据调整的情况，以最新年度报告为准。

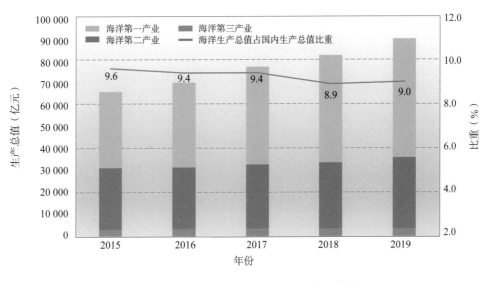

图 1-1 2015—2019 年全国海洋生产总值情况

## 2. 海洋经济结构进一步优化，区域海洋经济平稳增长

2019 年，我国海洋经济三次产业结构进一步优化，海洋第一产业、第二产业、第三产业增加值占海洋生产总值的比重分别为 4.2%、35.8% 和 60.0%。与上年相比，海洋第一产业和第二产业比重分别下降 0.2 和 0.7 个百分点，海洋第三产业比重提高 0.9 个百分点。海洋第三产业仍是海洋经济的主力军，增加值占比连续 9 年稳步提升，拉动海洋生产总值增长近 5 个百分点，对海洋经济增长的贡献率超过 75%。区域海洋经济总量平稳增长。2019 年，北部、东部和南部海洋经济圈海洋生产总值分别为 26 360 亿元、26 570 亿元和 36 486 亿元，与上年相比分别名义增长 8.1%、8.6% 和 10.4%。2019 年，南部海洋经济圈海洋生产总值占全国海洋生产总值比重达到 40.8%，与上年相比提高了 0.4 个百分点;北部和东部海洋经济圈占比则呈现下降的趋势。

表1-2  三大海洋经济圈海洋生产总值及占全国海洋生产总值比重

| 指标 | 年份 | 北部海洋经济圈 | 东部海洋经济圈 | 南部海洋经济圈 |
|---|---|---|---|---|
| 海洋生产总值（亿元） | 2018 | 24 378 | 24 462 | 33 059 |
| | 2019 | 26 360 | 26 570 | 36 486 |
| 海洋生产总值占全国海洋生产总值比重（%） | 2018 | 29.8 | 29.9 | 40.4 |
| | 2019 | 29.5 | 29.7 | 40.8 |

### 3. 海洋产业转型升级步伐加快，海洋经济向高质量方向发展

2019年，我国海洋经济发展质量稳步提升，传统海洋产业发展态势良好，海洋渔业养殖、捕捞结构持续优化，产业增加值比上年增长4.4%；海洋油气增储上产态势良好，海洋原油和天然气产量分别比上年增长2.3%和5.4%；海洋交通运输业平稳增长，海洋货运量和沿海港口货物吞吐量分别比上年增长8.4%和4.3%；海洋船舶工业发展稳中有进，智能船舶研发、绿色环保船舶建造取得新突破。以海洋药物与生物制品、海水利用为代表的海洋新兴产业快速发展，增速达到7.7%，高于同期海洋经济增速1.5个百分点。海上风电并网容量累计593万千瓦，比上年增长63.4%；设计总规模18万吨/日的舟山绿色石化基地海水淡化工程（一期）等多个海水淡化工程相继投产。

## 4. 涉海工业企业效益保持稳定，涉海市场主体数量大幅增长

2019 年，我国涉海工业企业效益基本稳定，全年重点监测的规模以上涉海工业企业营收利润率为 10.1%，高于全国同期 4.3 个百分点。涉海市场主体数量大幅增长，全年重点监测行业中新登记涉海企业比上年增长 5.5%。

## 5. "21 世纪海上丝绸之路"建设稳步推进，海洋对外贸易总体向好发展

我国加快提高海洋产业的对外开放水平，稳步推进"21 世纪海上丝绸之路"建设，不断提高涉海产品国际竞争力，持续优化进出口方向和结构。2019 年，我国与"海上丝绸之路"沿线国家海运进出口总额比上年增长 4.6%，其中，出口增长 6.7%，进口增长 1.6%。我国海运出口同比略增。2019 年，我国海运出口贸易总额为 16 601 亿美元，比上年增长 0.2%。涉海产品进出口贸易趋势向好，贸易总额为 637 亿美元，比上年下降 3.6%，降幅逐渐收窄。

# 第二节　海洋资源节约集约利用与海洋生态保护

## 1. 海洋资源开发利用监管力度进一步加强

2019 年，国家相关部门继续强化对海洋资源开发利用的监管力度。4 月，中共中央办公厅、国务院办公厅印发《关于统筹推进自然资源资产产权制度改革的指导意见》，提出了对包括海洋资源在内的各类自然资源资产产权制度改革的重点任务。3 月，农业农村部办公厅发布《关于做好 2019 年违规渔具清理整治"清网"行动的通知》，提出"全面清理禁用渔具""组织开展环渤海区域专项清理整治"等重点任务。沿海地方政府认真落实国家关于加强滨海湿地保护和严控围填海的要求，出台加强滨海湿地保护、严格管控围填海实施方案，明确了具体举措。为规范海域、无居民海岛资源市场化配置工作，广东省自然资源厅印发《广东省自然资源厅关于无居民海岛使用权市场化出让办法（试行）的通知》，广西壮族自治区海洋局印发《广西壮族自治区海域、无居民海岛有偿使用的实施意见》，山东省海洋局、省财政厅联合印发《山东省海域使用权招标拍卖挂牌出让管理办法》。

## 2. 海洋生态保护工作持续推进

落实习近平总书记在中央财经委员会第三次会议上的讲话精神，启动海岸带保护修复工程。继续开展"蓝色海湾"整治行动，2019 年，中央财政支持 10 个城市开展"蓝色海湾"整治行动，累计拨付奖励补助资金 22.38 亿元。深入实施渤海综合治理攻坚战，环渤海三省一市及有关地市全部出台具体实施方案，劣 V 类入海河流国控断面整治和入海排污口"查、测、溯、治"取得阶段成效。2019 年，我国海水环境质量总体稳中向好，近岸海域优良水质比例为 76.6%，比上年上升 5.3 个百分点。

# 第三节　海洋科技创新与人才培养

## 1. 海洋认知能力持续提升

2019 年，我国首艘万米深潜器支持保障船下水，为我国深水探测提供有力的技术支撑和保障，进一步提升了我国深远海科学考察和技术试验能力。全海深载人潜水器突破钛合金载人舱赤道缝焊接、固体浮力材料、高能量密度锂电池、水面支持系统研制等一批重大关键技术，进入全面总装集成和陆上联调阶段。我国首艘自主建造的极地科考破冰船"雪龙 2"号成功交付，与"雪龙"号展开"双龙探极"。我国首次在南极部署可全昼夜探测极区中高层大气温度和三维风场的激光雷达——极区大气钠荧光多普勒激光探测雷达，在北冰洋高纬度海区成功布放海洋、海冰、大气相互作用无人冰站，连续稳定工作 14 个月，为极区大气科学、全球气候变化及空间天气的研究提供了宝贵的数据支撑。深海地质第 8 航次和中国大洋第 55 航次科考圆满完成，在我国富钴结壳合同区资源勘探、深海地质调查、深海探测新技术及新方法的应用等方面取得了重要进展。"海洋一号 C"卫星和"海洋二号 B"卫星在轨交付使用,实现业务化运行。中法海洋卫星在轨测试通过评审。"海洋一号 D"卫星和"海洋二号 C"卫星完成研制,开启了我国自然资源卫星陆海统筹发展的新局面。

## 2. 海洋资源开发技术研发与装备制造能力不断加强

2019 年,我国研制成功远洋垂起固定翼无人机磁测系统,实现了多种磁力仪系统的集成数据采集,为推动海洋科考和海洋矿产资源勘查提供了新的技术手段。亚洲最大的重型自航绞吸船"天鲲号"智能挖泥控制系统正式投产,实现了中国疏浚技术的重大突破。我国自主研发的全球作业水深、钻井深度最深的半潜式钻井平台"蓝鲸 2 号"在南海承担可燃冰二期试采任务。

## 3. 海洋生态环境保护技术有力支撑打赢环境污染治理攻坚战

查明了黄海浒苔绿潮跨区域形成过程,研发了绿潮源地运移通道打捞技术和履带式浒苔打捞装置。破解渤海入海污染物通量监测评估、入海污染源解析等关键技术,建立了"目标 – 方案 – 实施 – 监测 – 评价 – 调整 / 反馈"全过程、全链条的入海污染物精准减排技术方案。开发出改性黏土材料与喷洒技术用于赤潮防治,相关技术在智利等多个国家开展了示范应用。

## 4.海洋相关专业人才培养迈上新台阶

2019年，有关部门加大海洋相关专业设置力度，新增海洋机器人和土木、水利与海洋工程本科专业；批准哈尔滨工程大学设置首个海洋机器人专业点，清华大学设置首个土木、水利与海洋工程专业点；新增船舶与海洋工程专业点1个、海洋技术专业点3个、海洋资源开发技术专业点3个、海洋资源与环境专业点2个。实施一流本科专业建设"双万计划"，认定天津大学、浙江大学、厦门大学等21所大学的船舶与海洋工程专业、海洋工程与技术专业、海洋科学专业等海洋经济相关专业为国家级一流本科专业建设点。推动课程改革，截至2019年，共有大连海事大学的"海商学""海上货物运输"、哈尔滨工程大学的"水声学"等5门海洋经济相关课程被认定为国家精品在线开放课程。加强海洋相关专业职业教育国家教学标准体系建设，修（制）订发布航海技术、港口电气技术等高等职业学校专业教学标准，启动船舶工程技术、船舶机械工程技术等教学标准的制定工作，先后发布了包括船舶工程技术、航海技术、轮机工程等职业院校专业实习标准。加强海洋优势特色专业建设，九江职业技术学院、武汉船舶职业技术学院、渤海船舶职业学院的船舶工程技术学院等一批专业院校被列入国家"双高计划"建设，为我国海洋产业的长远发展提供支撑。

# 第四节　金融支持海洋经济发展

## 1. 政府引导涉海金融服务

2019 年，国家和沿海地方政府继续通过政策引导、产融合作，促进金融服务海洋经济高质量发展。中共中央、国务院印发《粤港澳大湾区发展规划纲要》，提出"支持粤港澳通过加强金融合作推进海洋经济发展，探索在境内外发行企业海洋开发债券，鼓励产业（股权）投资基金投资海洋综合开发企业和项目，依托香港高增值海运和金融服务的优势，发展海上保险、再保险及船舶金融等特色金融业"。中共中央、国务院印发《关于支持深圳建设中国特色社会主义先行示范区的意见》提出"探索设立国际海洋开发银行"。自然资源部、深圳证券交易所就促进海洋经济高质量发展战略合作签署了《促进海洋经济高质量发展战略合作框架协议》，并联合举办海洋中小企业投融资路演活动，推出"特色海洋产业展示推介专区"。截至 2019 年年底，已开展 5 场路演活动，路演和展示企业 80 余家。

## 2. 海洋产业基金投入不断加大

2019 年，沿海地方政府和企业设立多项海洋产业基金，支持海洋经济创新发展。深圳市设立海洋新兴产业基地基础设施投资基金，一期基金规模 40 亿元，主要投资于深圳市海洋新兴产业基地项目建设。

深圳前海金融控股有限公司等共同发起设立前海中船智慧海洋创新基金，该基金总规模 500 亿元，一期募集规模 50 亿元，主要用于推动有关涉海龙头企业、海洋科研院所等机构在深圳前海落户，培育一批智慧海洋产业上市公司和"独角兽"企业，加速深圳市智慧海洋产业的创新发展。青岛海洋投资集团、山东海洋能源有限公司联合设立山东西海岸海洋产业基金，基金规模 10.2 亿元，重点助力海洋产业新旧动能转换。

## 3. 涉海信贷服务持续推进

2019 年，银行业金融机构通过信贷资金持续服务海洋产业。截至 2019 年年底，中国农业发展银行签订支持海洋经济发展合同金额超过 950 亿元，贷款余额约 500 亿元，支持项目超过 200 个。中国工商银行在 11 个主要海洋产业的贷款余额超过 2 000 亿元，全年累计投放贷款超过 2 600 亿元。累计支持涉海项目近 1 000 个。中国农业发展银行福建省分行审批惠安地区首笔海洋资源开发与保护中长期贷款，用于支持惠安县崇武渔港及产业融合示范区 PPP 项目。浦发银行蓝色经济金融服务中心在青岛成立 4 年，围绕海洋生物、海工装备制造、海洋能源、海洋新材料、海洋水产品精深加工等产业提供全方位的信贷服务。恒丰银行大力支持山东省海洋经济发展，创新推出海洋牧场立体养殖平台贷款业务。中国邮政储蓄银行海南省分行加快信贷产品和服务创新，陆续开发出南沙渔船抵押贷款、渔船捕捞行业贷款、渔业养殖户贷款等贷款产品。

## 4. 多元化融资渠道继续拓宽

2019 年，涉海债券、融资租赁等多元化融资渠道不断拓展，为海洋产业开放合作、持续发展增添动力。山东海洋集团有限公司发行债券，募集 5 亿元资金，用于旗下钻井平台在卡塔尔、阿联酋等共建"一带一路"国家开展海上油气田钻井服务业务。上海自由贸易试验区临港新片区管理委员会与浦银金融租赁股份有限公司开展临港新片区跨境船舶租赁业务，加快离岸业务创新发展。民生金融租赁股份有限公司在天津自由贸易试验区开展船舶离岸融资租赁业务，在行业中也起到良好的示范作用。中国诚通控股集团有限公司、中国海洋石油集团有限公司等 7 家中央企业共同组建北京国海海工资产管理有限公司，将通过整合、租赁、处置等解决海工行业的难点问题。

## 5. 航运金融服务加快发展

2019 年，沿海地区航运金融新业态加快发展，航运金融咨询与技术服务、航运保险交易亮点纷呈。青岛市政府与交通银行签订《青岛市国际航运贸易金融创新中心建设战略合作协议》，交通银行揭牌成立青岛分行航运金融中心，开展航运金融业务规划和管理、航运金融产品整合和创新、航运金融服务方案设计和推进、航运金融业务风险管理等。东海航运保险股份有限公司、宁波通商银行股份有限公司等共同成立宁波通海航运金融研究院，为宁波航运金融产业发展提供咨询服务。上海保险交易所股份有限公司、广州航运交易有限公司等在南沙设立航运保险要素交易平台，为粤港澳大湾区航运保险产品提供登记、注册、交易等服务。香港交易所与上海航运交易所签订合作备忘录，共同推动境内航运价格的国际化，促进境内航运指数在资本市场上的引导作用。

## 6. 海洋渔业保险服务不断创新升级

2019年全国渔业互保体制改革在探索中不断推进，辽宁省渔业互保协会转隶中国渔业互保协会。浙江省渔业互保协会开展银企互联系统推广试点。福建省渔业互保协会持续推进水产养殖台风指数保险业务，优化台风指数方案，保险覆盖面不断扩大。同时，探索创新渔排财产保险，为海上渔排升级改造、深水网箱养殖提供风险保障。

# 第五节　海洋经济对外合作

## 1. 服务涉海企业"走出去"

2019年，国家继续服务有实力、信誉好的涉海企业走出去。国家发展和改革委员会（以下简称"国家发展改革委"）推出双多边产能与投资合作机制、第三方市场合作机制建设，为企业开展互利合作搭建平台。商务部出台《对外投资备案（核准）报告实施规程》，加强对外投资事中事后监管，推动海洋产业对外投资健康有序发展。

## 2. 涉海企业国际投资合作不断深化

2019 年，涉海企业积极拓展业务合作。国家电力投资集团有限公司旗下的中国电力国际发展有限公司与挪威国家石油公司签订全球战略合作框架协议，拓展合作领域与空间，共同开发中国和欧洲海上风电项目。大连船舶重工集团有限公司与日本三井海洋开发株式会社签署战略合作协议，共同开拓浮式生产储油卸油装置国际市场。

# 第六节　海洋经济管理

## 1. 海洋经济试点示范工作不断推进

2019 年，部分沿海省（区、市）相继印发实施天津临港、山东威海、山东日照、江苏连云港、江苏盐城、浙江宁波、浙江温州、福建福州、福建厦门等国家海洋经济发展示范区建设总体方案，明确了各海洋经济发展示范区建设的重点任务和措施。财政部和自然资源部组织对第二批 7 个"十三五"海洋经济创新发展示范城市开展了中期考核，总结了示范工作取得的阶段性成效及下阶段的工作安排，有效促进了"十三五"海洋经济创新发展示范工作的开展。

## 2. 成功举办 2019 中国海洋经济博览会

2019 年 10 月 15 日至 17 日，自然资源部与广东省政府联合在深圳主办 2019 中国海洋经济博览会。中共中央总书记、国家主席、中央军委主席习近平致信祝贺。本次博览会以"蓝色机遇，共创未来"为主题，遵循习近平总书记对海洋经济高质量发展的系列指示精神，举办了展览展示、系列论坛以及高端对话、成果发布、商务推介等多项活动。来自 21 个国家和地区的政府官员、国际组织代表、专家学者和专业观众，以及 455 家企业与机构参会参展。

## 3. 海洋经济运行监测评估体系不断完善

完成第一次全国海洋经济调查工作，初步摸清海洋经济家底，积极推进调查成果开发应用。初步形成海洋经济高质量发展指标体系，并在江苏省、山东省青岛市开展试点。修订海洋经济统计调查制度和核算制度，编制并印发《2019 年海洋经济运行监测与评估方案》，统筹布置国家和省级海洋经济运行监测评估工作重点任务。强化分析评估能力，编制月度、季度海洋经济运行情况报告，编制并发布《2018 年中国海洋经济统计公报》和《中国海洋经济发展报告 2019》，满足宏观经济调控需要，有效引导社会预期。

# 第二章

# 海洋新兴产业发展情况

# 第一节  海水利用业发展情况

## 1. 海水利用总量稳步增长，新增多个工程项目

2019 年，我国海水利用总量稳步增长。据初步核算，全年实现产业增加值 18 亿元，比上年增长 7.4%。工程项目建设上，2019 年全国新增海水淡化工程规模 39.9 万吨 / 日，以工业用大型海水淡化工程为主。主要包括舟山绿色石化基地 18 万吨 / 日海水淡化工程、大连恒力石化 4.5 万吨 / 日海水淡化工程、河北纵横集团丰南钢铁厂 10 万吨 / 日海水淡化工程、河北省首钢京唐钢铁厂Ⅱ期 3.5 万吨 / 日海水淡化工程、山东钢铁集团日照基地 2 万吨 / 日海水淡化工程等。青岛开展了水资源供给侧结构性改革，实行海水淡化与水务一体化管理，海水淡化水进入城市管网实现了增加水量和改进水质的双重目的，为沿海缺水型城市解决水资源短缺做出了示范。在海水综合利用方面，2019 年建成丰南钢铁厂 10.6 万吨 / 小时海水循环冷却工程。

## 2. 技术研发与装备制造能力明显提升，取得诸多创新成果

在海水淡化方面，已初步形成反渗透、多效蒸馏两大技术的研发和装备制造体系，在国内已建成单机 3.5 万吨 / 日多效蒸馏、2 万吨 / 日反渗透示范工程。海水高压泵已成功实现万吨级应用，能量回收装置样机已得到工程验证。在海水综合利用方面，环境友好型海水水处理技术实现自主化，海水冷却塔装置形成多元化发展，环境友好型水

处理剂性能与国外产品相当；初步形成了以海水提溴为主的海水化学资源综合利用产业链条，提升了产品质量及产业综合效益。

**3. 制度举措不断完善，发布多项支持政策**

2019 年，国家和沿海地方政府继续完善促进海水淡化产业发展的政策措施。4 月印发的《国家节水行动方案》提出"强制推动非常规水纳入水资源统一配置，逐年提高非常规水利用比例，并严格考核""加大海水淡化工程自主技术和装备的推广应用，逐步提高装备国产化率""沿海严重缺水城市可将海水淡化水作为市政新增供水及应急备用的重要水源"。此外，海水淡化作为重要内容被列入国务院相关部门及地方政府出台的《绿色产业指导目录（2019 年版）》《产业结构调整指导目录（2019 年本）》《鼓励外商投资产业目录（2019 年版）》《国家鼓励的工业节水工艺、技术和装备目录（2019 年）》《京津冀工业节水行动计划》，以及《天津临港海洋经济发展示范区建设总体方案》《河北省节水行动实施方案》等文件中。

# 第二节　海洋可再生能源利用情况

**1. 海洋可再生能源利用规模稳步增长**

截至 2019 年年底，我国海洋能电站（示范工程）总装机容量超过

8 兆瓦，累计发电量超过 2.4 亿千瓦时。2019 年，潮汐能、潮流能、波浪能发电量分别为 718 万千瓦时、160 万千瓦时和 2 万千瓦时。目前，浙江江厦潮汐试验电站、浙江海山潮汐电站、秀山岛潮流能示范工程、摘箬山岛潮流能试验平台以及"澎湖号"波浪能养殖平台都在运行中。

**2. 激励政策支持海洋可再生能源利用**

2019 年 6 月，浙江省发展和改革委员会批复浙江舟山 LHD 模块化大型海洋潮流能发电机组临时上网电价，明确 LHD 模块化大型海洋潮流能发电项目自 2016 年 8 月机组并网发电之日起，执行 2.58 元 /千瓦时（含税）的优惠电价。

# 第三节　海洋药物与生物制品业发展情况

**1. 产业保持快速增长，自主创新步伐加快**

2019 年，我国海洋药物与生物制品产业较快增长，全年实现增加值 443 亿元，比上年增长 8.0%。海洋药物与生物制品产业加快产业链融通创新和新技术转化集聚，延伸完善褐藻综合利用、水产加工废料高值化开发、深海微生物潜力挖掘与应用等重点产业链条。壳聚糖、海藻酸盐等原料市场占有率继续保持全球领先，第四代鲎血液酶临床感染检测试剂正式量产，高纯度多不饱和脂肪酸、止血愈创海藻纤维医用材料等海洋功能食品和生物制品产业化开发加快。

## 2. 技术创新为海洋生物产业发展提供有力支撑

依托自然资源部第三海洋研究所创新成果，2019 年建成海藻寡糖酶解液百吨级生产线，填补了国内外酶解海藻制备寡糖的工业化空白。福建厦门采用微胶囊技术和过瘤胃技术，创新解决了富含 DHA 的海洋裂壶藻过奶牛瘤胃问题，包装牛奶乳脂含量稳定，提高了原生牛奶中的 DHA 含量，已获国内多家知名乳业公司的年度订单。2019 年 3 月研发出符合国际标准的药品级 DHA 藻油生产工艺；"海藻寡糖生物肥"用于重庆西阳水稻田后，亩均增产 5.7% 以上。山东威海以改性海洋多糖为液相主体，以海洋贝类来源的钙盐为粉体主要成分，添加磷酸钙等来调节骨修复材料的可注射性、固化时间以及强度，产品获批上市后为患者节约了医疗费用。

# 第三章

# 沿海地区海洋经济
# 发展情况

# 第一节  辽宁省

## 1. 2019 年海洋经济发展成效

2019 年，辽宁省海洋经济总体保持平稳态势。据初步核算，全省海洋生产总值达到 3 465 亿元，比上年名义增长 4.5%，占全省地区生产总值的 13.9%。海洋产业结构不断优化，海洋第一产业、第二产业、第三产业增加值占海洋生产总值的比重分别为 9.6%、29.4% 和 61.0%。

主要海洋产业发展平稳。海洋渔业总体呈现养殖升、捕捞降、总量稳、结构调整加快的趋势。海洋原油以及天然气勘探设备的不断完善，加快了海洋油气资源的开发速度。海洋可再生能源利用业、海水利用业、海洋药物和生物制品业等海洋新兴产业持续发展，提质增效作用明显。海洋旅游发展模式呈现生态化和多元化，旅游接待能力不断提高，海洋旅游业保持较快增长，持续发挥引领作用。

## 2. 2019 年推动海洋经济发展主要举措

### （1）加大海洋优势产业培育力度

继续培育海洋优势产业，宣传海洋优势产业项目，加强政策宣讲，搭建金融机构与企业深入对接渠道。利用中国海洋经济博览会平台，成功举办辽宁海洋经济专场推介会，宣传本省海洋经济发展状况，展示海洋经济发展的实力和潜力，积极与粤港澳大湾区对接，大力发展"蓝色伙伴关系"。

（2）注重发挥金融机构支持海洋经济发展的作用

推进金融机构对海洋经济的支持，辽宁省有关部门积极对接中国银行辽宁省分行，并签署了战略合作协议，明确在符合国家法律法规、监管政策及银行内部规章制度的前提下，开展海洋相关领域专项合作。2019—2022 年，中国银行辽宁省分行为全省海洋相关产业提供不低于10 亿元的意向性融资支持，加大金融创新力度，切实降低实体经济的金融服务成本。

（3）高质量完成海洋经济调查的后期工作

完成海洋经济调查市级验收和省级海洋经济调查数据专家会审。开展了市级海洋经济调查档案的移交和整理工作，形成全省海洋经济调查档案。完成全省海洋经济调查项目自验收，顺利通过第一次全国海洋经济调查国家级总验收以及海洋经济调查海洋防灾减灾、海洋工程、临海开发区、海岛、围填海和节能减排 6 个专题的验收。

（4）扎实提升海洋经济运行监测评估能力

完成《海洋统计报表制度》《海洋生产总值核算制度》数据的汇总和报送工作。加强对海洋生产总值相关数据分析，形成《2018 年辽宁省海洋经济统计分析报告》。积极推进海洋经济调查数据与统计数据的衔接，升级开发海洋经济统计核算软件和海洋经济运行监测评估系统，开展海洋经济统计核算制度研究。

## 3. 2020 年海洋经济工作重点

一是加强顶层设计指导，编制《辽宁省海洋经济发展"十四五"规划》。二是注重海洋科技创新，培育海洋产业发展新动能，建立完善的涉海金融服务保障体系，引导更多资金投向海洋战略性新兴产业等优势产业。三是提高海洋经济调查及统计核算质量水平。

# 第二节　河北省

## 1. 2019 年海洋经济发展成效及举措

据初步核算，2019 年，河北省实现海洋生产总值 2 927 亿元，比上年名义增长 13.3%，海洋生产总值占全省地区生产总值比重达到 8.3%，较上年增加 0.3 个百分点。海洋产业体系不断完善，滨海旅游、海洋交通、海洋渔业、海洋化工及海洋盐业等传统产业规模不断扩大，海洋电力、海水利用、海洋工程装备等新兴产业快速发展，海洋产业结构持续优化，海洋第一产业、第二产业、第三产业增加值占海洋生产总值的比重分别为 3.4%、32.9% 和 63.8%。

（1）海洋渔业平稳发展

认真贯彻创新驱动战略，强化科技攻关，大力开展新品种、新技术推广，不断提升海洋渔业科技含量。2019 年，河北省省级科技计划重点研发项目立项了水产养殖及生态调控关键技术研究、水产动物种业科技创新等课题，通过技术攻关有效解决海水绿色养殖、生态调控关键共性技术和资源退化问题。公布了 2019 年河北省农业主导品种和主推技术，凡纳滨对虾"科海一号"、三疣梭子蟹"黄选 2 号"成为特色海产品主推品种，鲆鲽类工厂化循环水养殖技术成为特色海产品主推技术，提升了全省海水养殖新品种、新技术的应用水平。加大渔业资源养护，扎实开展渔业资源增殖放流活动。继续开展省级休闲渔业示范基地创建活动，21 家单位被授予"河北省休闲渔业示范基地"称号。在秦皇岛、唐山、沧州三地安排资金 7 400 万元，启动了为期三年的渔港经济区建设项目，促进冷链物流、水产品精深加工、渔船修造、海洋休闲旅游等产业发展。

（2）海洋交通运输业稳步增长

沿海各市抢抓京津冀协同发展、"一带一路"建设、雄安新区建设等重大历史机遇，进一步完善港口管理机制，优化功能布局，加强港口对外战略合作，推进基础设施和集疏运体系建设，加快物流发展，打造绿色、智慧港口，推动《津冀沿海锚地布局方案》实施，实现渤海中西部通航资源共享共用。以提升港口码头通过能力和专业化水平为方向，重点支持集装箱、散杂货、液化天然气（LNG）、油品码头建设，稳步推进件杂货、商品汽车滚装、邮轮等码头建设。建成两个智慧港口示范工程并通过验收，创新了煤炭港口智慧物流和危货港口智能监管模式，提高了港口物流效率和监管水平。大力发展国际集装箱班列，构建了"冀蒙俄、冀俄欧、冀亚欧"三大中欧（亚）陆路运输通道。

（3）滨海旅游业迅猛发展

出台了一系列旅游惠民政策，旅游业发展质量明显提升。打造了冷口温泉、七彩青龙等一批乡村旅游新业态。冰塘峪景区通过国家 AAAA 级景区质量评审，北戴河区成为首批国家全域旅游示范区，山海关景区挺进全国 AAAAA 级景区 50 强，南大港湿地顺利通过国家 AAAA 级景区评审，黄骅恒大养生谷一期主体工程全部封顶，沧海文化景区十里金沙滩正式开放，渤海新区获评"中国最佳运动康养休闲旅游景区""中国最佳品质文化旅游目的地"。2019 年出入境国际旅游包机 150 架次，出入境旅客 17 918 人次，分别较上年增长 295% 和 299%，接待国内外游客约 7 100 万人次，实现旅游总收入 980 亿元。

（4）海洋战略性新兴产业快速发展

持续加大供给侧结构性改革力度，大力发展数字经济、海洋药物与生物制品等产业，着力培育海洋经济发展新动能，打造发展新优势。秦皇岛获批国家科技兴海产业示范基地和海洋经济创新发展示范城市，与阿里巴巴集团达成战略合作意向，通过"数字秦皇岛"的顶层设计，在产业升级、金融创新、数字航运等方面助力发展，科技创新和技术扩散步伐明显加快，产业链加速向高值区挺进。唐山、沧州着力推进装备制造业和现代服务业深度融合，培育了高端装备制造、生物医药等一批特色产业集群，积极承接京津产业转移项目，海洋战略性新兴产业发展初步实现了提速增效，为全省海洋经济创新发展奠定了坚实基础。

## 2. 2020 年海洋经济工作重点

一是着力构建现代海洋经济体系，抓好港口信息化建设，加快传统海洋产业提质升级，培育海洋新兴产业，做优做强海洋服务业。积极承接京津产业转移，推动一批重大疏解项目和科研成果落地实施。二是进一步加大科教创新步伐，加大海洋领域高素质人才引进培育力度，促进海洋科技创新能力提升，强化关键核心技术研发，深化产学研协同创新。三是持续改善海洋生态环境，完善渤海污染防治体制，加强项目用海用地等要素保障。

# 第三节 天津市

## 1. 2019 年海洋经济发展成效及举措

2019 年，天津市海洋经济发展稳中向好。据初步核算，全年全市海洋生产总值达到 5 399 亿元，比上年名义增长 5.5%，占地区生产总值比重为 38.3%。海洋第一产业、第二产业、第三产业增加值占海洋生产总值的比重分别为 0.2%、48.4% 和 51.4%。

（1）积极推进临港海洋经济发展示范区建设

印发实施《天津临港海洋经济发展示范区建设总体方案》。全力推动海水淡化与产业示范基地、恩那社水务等重点工程项目建设，搭建国家级海水淡化与综合利用创新平台。着力打造卤水资源化利用产业链，实现传统盐业升级改造与战略新兴产业之间的有机融合。编制海洋产业招商目录，重点围绕海水淡化与综合利用、海洋高端装备制造、海洋生物医药等产业开展集中招商。

（2）完成海洋经济调查和海洋统计监测任务

一是组织完成天津市第一次全国海洋经济调查。2017 年 5 月正式启动，历时近 3 年的时间，通过调查建立天津市涉海单位名录，形成报告类、数据类、图集类等六大成果，基本摸清了天津市海洋经济情况。2019 年 7 月，天津市第一次全国海洋经济调查通过国家验收。二是组织完成 2019 年海洋统计评估任务。完成 2019 年月度涉海单位直报和海洋经济有关数据报送，组织完成 2018 年度和 2019 年季度主要海洋产业数据报送，编制 2018 年度全市海洋经济运行情况分析报告和海洋经济统计公报。

### （3）推动落实重点规划任务

一是推动涉海重点规划编制实施。《天津市海洋经济发展"十四五"规划》编制工作启动，并被列为市级重点专项规划之一，初步梳理形成"十四五"规划的基本思路框架。二是落实市级重点专项任务。加快推动渤海污染防治攻坚战中"生态保护修复行动——海洋生物资源养护"年度任务，编制完成《天津市海洋生物资源养护工作实施方案》。组织开展《天津市海洋强市建设行动计划（2016—2020）》中期评估。三是做好海洋创新任务。开展海洋创新专题调研分析，提出天津市海洋科技创新发展意见建议。认真贯彻《自然资源部科技创新发展规划纲要》，梳理编制海洋领域科技创新重点任务。

---

**专栏1　天津临港海洋经济发展示范区建设情况**

加快构建海水淡化与综合利用技术创新产业体系。推动自然资源部天津海水淡化与综合利用示范基地项目建设。建立天津市海水资源利用产业技术研究院和天津海水资源利用技术创新中心，积极组织申报"自然资源部海水及苦咸水淡化技术重点实验室"。推动高等院校、企业和科研院所合力进行原始创新、集成创新和引进消化吸收创新。

不断推进海水淡化规模化应用示范。2019年11月，天津市水务局印发了《天津市淡化海水配置利用规划方案》，规划在临港海洋经济发展示范区内建设10万吨级大型海水淡化试验场，统筹淡化海水用于工业、园林灌溉和生态景观等，积极推进淡化海水在园区内纳入水资源统一配置，助推海水淡化与综合利用产业发展。

积极发展海水淡化装备制造及相关产业。海水淡化高压柱塞泵产业化项目前期工作全部完成，正在进行市场开拓，力争替代进口。海水冷却塔塔芯构件产业化项目、基于连续水热反应的高品质氢氧化镁产品开发与产业化项目建设基本完成。

## 2. 2020 年海洋经济工作重点

一是加快推进天津临港海洋经济发展示范区建设。二是编制《天津市海洋经济发展"十四五"规划》，推动落实规划各项任务分工。三是继续做好海洋经济监测评估工作。

# 第四节　山东省

## 1. 2019 年海洋经济发展成效及举措

2019 年，山东省海洋经济发展的质量和效益明显提升。据初步核算，全年全省海洋生产总值 14 569 亿元，比上年名义增长 9.0%，占全省地区生产总值比重为 20.5%。海洋第一产业、第二产业、第三产业增加值占海洋生产总值比重分别为 4.2%、38.7% 和 57.1%。

（1）抓协调服务，围绕总体工作部署履职尽责

印发实施《2019 年省委海洋发展委员会工作要点》《关于聚焦海洋产业高质量发展　着力突破"四个一批"的实施意见》等政策措施。将 2019 年海洋强省建设细分为 195 项任务，实行月调度、月通报，形成了各地各部门参与支持海洋强省建设的良好氛围，全省海洋工作新机制运行良好，改革带来的动力和活力逐步显现。

（2）抓海洋新兴产业培育，提升海洋经济发展质量

编制了海水淡化、海洋生物医药等三年推进计划。扎实推进现代化海洋牧场建设综合试点方案的落实。积极推进海上风电融合发展实验，累计会商 9 次，在海洋立体综合利用方面取得新进展。

（3）抓项目搭平台，助力海洋经济持续增长

山东省有关部门组建现代海洋产业专班，配合各地各部门开展海洋领域"双招双引"。举办东亚海洋合作平台青岛论坛、山东省创新驱动发展院士恳谈会暨海洋现代产业发展论坛、首届潍坊海洋动力装备博览会、东北亚地区地方政府联合会海洋与渔业专门委员会第六届年会暨现代海洋产业论坛（威海）、全国首届海洋经济发展示范区建设论坛（日照）、中国海洋生态文明（长岛）论坛等活动，共签约海洋项目金额达 750 多亿元。搭建现代海洋产业"6 个 1"推进体系，组建了海洋产业智库和协会。

（4）抓生态保护修复，建设"海上绿水青山"

加大海域海岛海岸带整治修复，青岛市、威海市、日照市入选国家"蓝色海湾"整治行动城市。日照市"退煤还滩"、潍坊市"柽柳 + 肉苁蓉"修复模式取得实效。加快处理围填海历史遗留问题，形成了

全省围填海历史遗留问题处理方案。对 2012 年以来未结案的 118 起违法围填海案件进行集中攻坚。积极开展全国海岸带规划编制试点工作，并形成初步成果。沿海 7 市陆续出台海岸带保护利用条例，将海岸带保护利用纳入法制化轨道。启动"清浒保沙"专项行动。实施滚动式海洋预警预报会商，及时启动风暴潮海浪应急预案，调整响应等级，研判风暴潮海浪对弥河决口的影响因素。

（5）抓制度创新，激发海洋发展新动能

研究提出了关于促进海洋渔业高质量发展的意见等 7 项制度创新成果。认真谋划推进保护性利用海岛，制定实施了小管岛保护利用试点方案，开展了"不依靠大陆支援，建立海岛电力、水源、食物自我供给系统"试验，为改善海岛民生发展助力。为破解具有"四非两无（非商船、非客船、非渔船、非海上石油平台；对海洋多功能平台管理无明确法律法规依据、全国亦无先例可循）"特点的跨界融合形成的海洋多功能平台检验和管理难题，提出了"联检共管"新模式，为海洋企业走向深蓝提供了制度支撑。

（6）抓海洋治理，服务经略海洋大局

超前布局，组织开展山东省参与深海矿业开发论证，提出了"以山东省企业名义申请我国第 6 个国际海底片区，为 2030 年实现商业化开采抢占先机"的初步建议。就 2020 年在山东省举办"世界海洋发展大会"进行筹备论证。扎实开展第一次全国海洋经济调查，初步建成海洋经济调查数据库和数据采集处理系统。开展海洋及相关产业统计调查工作，完善山东省市级海洋生产总值核算体系。

**专栏2    山东青岛蓝谷海洋经济发展示范区建设情况**

努力构建高端创新创业生态圈。将"国字号"科研机构和高等院校作为重点方向，先后引进建设了海洋国家实验室、国家深海基地等22个"国字号"科研机构，山东大学等高等院校在蓝谷设立研究机构，引进落地易华录海洋大数据产业基地、海检集团等10余家大型企业，引进培育13家国家级科研创新平台，20家省部级科研创新平台，20家市级科研创新平台，以及高性能科学计算与系统仿真平台、海洋设备检验检测、深海技术装备等8个公共研发平台。集聚科技型中小企业近600家，投资基金近200亿元。

加速集聚高层次人才。坚持以项目聚才育才，以环境留才用才，建立"企业＋院士（一流人才）＋团队＋项目（产业联盟）"发展模式，建成12栋院士楼，建成各类人才公寓79.34万平方米。全职或柔性引进各类人才达到5 000余人，其中国家级、省级各类高层次人才240余人，包括诺贝尔奖获得者1人，院士70人（含外籍院士13人），泰山学者及泰山产业领军人才40人，博士或具有正高职称人才占人才总数的1/3。

不断扩大国际交流合作。加强与美国、英国、俄罗斯等国家的世界知名海洋研究机构的合作交流，已达成合作协议50余项。连续三届成功组织举办国际海洋创新创业大赛。举办了全球海洋院所领导人论坛、承办中俄工科大学联盟年会暨青岛蓝谷中俄科技创新论坛、青岛国际技术转移大会暨鳌山欧亚科技论坛，连续四届成功举办青岛国际海洋科技展览会、海洋国际高峰论坛，举办2019（第二届）中国智慧海洋与技术装备发展论坛、2019（第三届）海洋移动平台观测与探测技术论坛、中国水产学会海洋分会论坛等6场专业论坛，涉及海洋装备、海洋技术、海洋水产等多个方面。

**专栏3　山东威海海洋经济发展示范区建设情况**

　　坚持生态高效，打造海洋生态牧场综合体。推动海洋渔业新旧动能转换，加快海洋牧场建设与发展。一是实施"互联网＋海洋牧场"行动，构建海洋牧场立体观测体系，建成成山鸿源、马山、烟墩角、泓泰、褚岛等8个观测网项目，实现海洋牧场"可视、可测、可控、可预警"。二是实施绿色渔业行动，推广"浅海多营养层次生态养殖模式"，开展疏密养殖和生态浮漂更新工程，推广标准化筏式养殖1万亩①，投放大块石礁152.8万余立方米、混凝土构件礁69.7万余空方，礁区总面积超过1 200公顷。密切与中国科学院海洋研究所、中国水产科学研究院黄海水产研究所、中国海洋大学等科研院所的合作关系，加强科技攻关，加快成果转化，鱼虾贝藻良种存养量达21亿单位以上，年可繁育刺参、名优贝类等优质品种200亿单位，修复水生生物资源种类。三是实施海洋牧场建设行动，加快海洋牧场展示厅、控制室、研究院、体验馆配套，推进"一厅一室一院一馆"的"四个一"建设，分类推进游钓型、投礁型、田园型海洋牧场建设。截至2019年12月，威海海洋经济发展示范区（以下简称"威海示范区"）内拥有国家级海洋牧场示范区7家、省级海洋牧场12家，省级休闲海钓示范基地7处、省级休闲海钓场16处。

　　坚持"船队＋基地"模式，打造面向全球的远洋渔业。一是搭建境内外平台，将发展远洋渔业与农业对外开放结合起来，成功获批全国首批"农业对外开放合作试验区""境外农业合作示范区"试点。建设集养殖、捕捞、加工、销售、船舶维修、培训等于一体的"中国—

---

① 亩为非法定计量单位，1亩≈666.7平方米。

斐济农业（渔业）综合产业园"。加快沙窝岛远洋渔业基地建设，投资 13.8 亿元建设中心渔港、精深加工、交易市场、综合服务四大功能区。目前，已建成渔船修造厂、舾装码头、23 万吨冷链物流库、4 万平方米精深加工车间。二是建设综合性远洋渔业基地，以西非、南太平洋、南美洲为重点，规划建设加纳、斐济和乌拉圭 3 处基地，赤山集团毛里塔尼亚远洋渔业基地已完成初步论证。打造一批集精深加工、流通贸易、后勤补给、渔船维修为一体的综合性远洋渔业基地，完善生产配套设施，增强保障服务能力。三是推进南极磷虾产业项目建设，抓住获批建造南极磷虾船的机遇，依托中国水产科学研究院黄海水产研究所的产学研基础，启动投资 18 亿元的赤山集团南极磷虾船建造和高端产业园建设项目。

坚持转型升级，打造海产品精深加工产业。加快海产品精深加工产业发展，以提高资源利用率和产品附加值为目标，重点抓好金枪鱼、海参、鲍鱼、鱿鱼、海带等海洋食品精深加工基地和仓储物流设施建设。发挥海商中心大宗海洋商品现货交易功能，拓展高端海洋食品市场空间，提高产业经营效益。推动好当家、泰祥、赤山、靖海、石岛集团等龙头企业发展，开发冷冻调理食品、海藻、海产罐头、海洋休闲食品等产品，实现产品向高档次、高附加值转变，打造行业单品冠军。威海示范区内拥有海洋食品加工企业 700 多家，其中规模以上食品企业 163 家。

坚持创新突破，打造海洋生物医药及制品产业。以海洋高新技术产业园为载体，加快海洋生物医药与制品产业聚集。与中国科学院海洋研究所、中国海洋大学、江南大学等 30 多所知名高校院所建立合作开发关系。好当家、百合生物等重点企业，围绕海洋生物制品、海洋生物新材料、海洋生物医药三大产业，研发生产多烯康、深海鱼油、海参多糖、甲壳素、螺旋藻等产品 30 多种。目前，威海示范区从事海洋生物医药及制品企业总数达到 35 家，产业集群规模突破 20 亿元。荣成百合生物有限公司是全国最大的保健食品软胶囊生产基地，被授予"国家海洋活性物质中试基地""多烯鱼油质量示范基地"等称号。

**专栏4　山东日照海洋经济发展示范区建设情况**

　　不断完善港口集疏运体系。新开通内外贸航线 12 条，开拓日照至釜山集装箱航运业务，联合韩国南星海运株式会社开通日本偏港航线，实现与日本基本港及 26 个偏港的全面互联互通；开通中外运集装箱运输有限公司的"日照—青岛"、中创物流股份有限公司的"岚山—青岛"集装箱外贸内支线及日照至福清、泉州虎门、大连盘锦、张家港航线，引进中国远洋海运集团有限公司运营东南亚航线，日本、韩国航线集装箱量稳定增长。已开通的集装箱航线达到 39 条，其中外贸航线 9 条。内贸航线覆盖全国沿海主要港口，每月航班 150 多个。利用两条铁路和无水港搭建的物流网络，大力推进海铁联运、铁水联运、海河联运及"散加集"业务，新开通"齐鲁号"日照至哈萨克斯坦努尔苏丹中亚国际集装箱班列、俄罗斯—日照外贸班列，日照—荏平、日照—兖州西、日照—濮阳东等国内班列，国内外铁路班列数量达到 15 条。加快实施"公转铁"计划。2019 年铁路集疏港增长 18.3%。沿新荷兖日、瓦日铁路在陕西西安等地布设无水港 15 个，加快打造"铁路＋仓储"

物流平台，2019 年海铁联运货运量增长 205%。

加快推进智慧、绿色港口建设。2019 年完成港口基本建设投资 54 亿元，比上年增长 31.7%，创历年之最。启动了"智慧港口"建设三年行动计划（2019—2021 年），国内第一个规模化建成、平行岸线布置的双悬臂自动化堆场——日照港集装箱自动化堆场（一期）竣工并全面投产，实现与中国铁路济南局集团铁水联运信息交换共享。构建了日照大宗商品、日照传化交通"公路港"等智慧物流服务平台，舟道网物流专版 APP 上线发布，为 1 000 余家企业提供精准服务。山东港口日照港物流区块链平台发布，开展出口钢材全程监管业务和大众商品电子仓单业务，港口与口岸监管、物流金融深度融合。

加快拓展航运贸易服务。日照大宗商品交易中心吸引全国 1 000 余家企业入驻，累计为港口客户融资超过 120 亿元，上线了 11 个大类交易品种，2019 年交易额达到 4 584 亿元（单边统计）。日照综合保税区正式封关运营，裕廊港在香港联交所主板成功上市。培育了西岸国际中心、中远海运物流等服务平台，成立了现代服务产业园，专职推动物流业的招商、规划和监管。鲁南（日照）航贸服务中心实现"一站式"通关、"一次办好"，进口木片检验周期缩短 41%，大宗粮谷类产品通关周期缩短 71.4%，出口冷冻蔬菜平均周期缩短 95.6%。日照经济技术开发区海洋物流特色产业园入园企业达到 790 余家，其中世界 500 强企业 2 家，2019 年实现主营业务收入 100.5 亿元，比上年增长 8%。

创新港口、工业岸线生态修复新模式。2016 年，国家首批支持的"蓝色海湾"整治行动项目——"全国首个港口岸线退岸还海生态修复工程"于 2019 年 7 月竣工，修复岸线 1 882 米，将原来的港口岸线还原为自然岸线，形成沙滩面积 46 万平方米、预留生态缓冲区及公共服务区陆域总面积约 29 万平方米。目前，生态修复已初见成效，国家二级保护动物大海龟、白海豚以及数千只海鸥等以前难以见到的海洋生物频繁出现在项目所在海域。

加强海岸带保护。全面开展海岸带整治行动，计划三年投资 63.5 亿元，实施 7 大类 42 个重点项目，实现"蓝带""金带""绿带"三带相映生辉，步行道、自行车道、行车道三道贯通。2020 年 7 月 1 日，总长 28 千米的阳光海岸绿道正式启用。将日照经济技术开发区付疃河养殖搬迁、滨海交通优化等 7 个环境整治提升工程纳入全市海岸带整治攻坚行动方案，市区联动重点推进。

深入实施海洋环境治理与生态修复项目。先后实施了阳光海岸带精品岸线建设、桃花岛生态修复项目、万宝海岸带整治修复、岚山海上碑海岸带修复等项目，累计修复岸线 30 多千米。全面实行"湾长制"，启动了日照市海湾污染排查行动和重点河流综合治理。日照经济技术开发区投入 10 亿元，实施了河道综合治理、水生植物净化、河口湿地生态恢复等重点项目。

创新开展"五大碧海行动"和陆海同防同治新模式。创新实施了"产业强海、绿色养海、修岸护海、治污净海、优渔兴海"五大碧海行动，以海洋产业建设增强海洋管护能力，以开展资源增殖提高海洋自净能力，以岸线整治修复增强岸线屏障，以陆源污染治理减轻海洋环境破坏，以现代渔业建设助力海洋产业发展，形成产业、生态相互促进、相互融合的发展趋势。

## 2. 2020 年海洋经济工作重点

一是加强海洋强省规划建设，研究出台《山东省海洋经济发展"十四五"规划》等海洋发展规划计划。二是聚焦海洋新兴产业集中发力，大力发展海洋牧场装备、风电装备、海水淡化装备等产业。三是深入推进海洋生态保护修复，扎实推进渤海综合治理攻坚战、"蓝色海湾"整治行动等重大项目。四是加快海洋科技优势向海洋经济优势转化。五是坚持科学管理，努力提高海洋治理能力。

# 第五节　江苏省

## 1. 2019 年海洋经济发展成效

2019 年，江苏省海洋经济运行总体平稳。据初步核算，全年全省海洋生产总值达 8 073 亿元，比上年名义增长 8.5%；海洋生产总值占全省地区生产总值比重达到 8.1%，海洋第一产业、第二产业、第三产业增加值占海洋生产总值比重分别为 6.5%、47.7% 和 45.8%。

（1）海洋主导产业发展平稳

海洋渔业持续健康发展，严格落实海洋捕捞总量控制制度。2019 年海洋捕捞产量比上年下降 6.2%，海洋渔业发展质量得到提升。海洋船舶工业继续保持全国领先。2019 年全省造船完工量、手持订单量、新接订单量分别为 1 801.7 万载重吨、3 851.5 万载重吨和 1 224.1 万载重吨，占全国比重分别为 49.1%、47.2% 和 42.1%。海洋交通运输业平稳增长，2019 年全省沿海沿江港口货物吞吐量和集装箱吞吐量分别为 24.2 亿吨和 1 829.2 万标准箱，分别比上年增长 14.5% 和 3.6%。海洋旅游业发展态势持续向好，沿海地区深入推动文化和旅游融合发展，积极打造旅游品牌，2019 年沿海三市接待国内游客 1.3 亿人次，接待入境过夜旅游者 30 万人次，分别比上年增长 10.6% 和 2.0%。

（2）海洋战略性新兴产业发展迅速

海洋工程装备制造业国际竞争力明显提高，上海振华重工（集团）股份有限公司自主研制、振华启东公司负责实施的 2 500 吨坐底式海上风电安装平台进入安装关键阶段，该平台拥有近 20 项创新技术。启东中远海运海洋工程有限公司建造的目前世界上最先进的半潜式海洋生活服务平台"高德 4 号"成功交付，其电气、通风、管路等系统的基本设计及全部详细设计、生产设计均独立自主完成。海洋可再生能源利用业发展势头强劲，2019 年全省海上风电装机容量累计达到 423.0 万千瓦，比上年增长 39.9%；海上风电发电量达到 79.6 亿千瓦时，比上年增长 28.5%，海上风电装机容量和发电量持续位居全国之首。海水利用业保持快速增长，2019 年全省海水淡化产量和海水直接利用量分别为 12 600 吨和 71.9 亿吨，比上年分别增长 15.4% 和 26.9%。

（3）江海联动发展海洋经济特色更加鲜明

江苏沿江设区市海洋船舶工业、海洋工程装备制造业、海洋交通运输业等产业在全省占比较大。2019 年，造船完工量占全省的比重为 79.3%，规模以上港口货物量占全省的比重为 86.9%，集装箱吞吐量占全省的比重达 72.4%。同时，沿江设区市海洋设备制造业、涉海产品及材料制造业、海洋科研教育管理服务业等在全省占有重要地位。

（4）海洋科研创新能力持续提升

江苏充分发挥科研教育优势，积极开展涉海科技研发和成果转化，海洋科研创新能力持续提升，海洋经济内生发展动力稳步增强。2019年5月，淮海工学院正式更名为"江苏海洋大学"，成为国内第七所海洋大学。10月，亚洲首台大型金属3D打印机Metal FAB1落户江苏科技大学海洋装备研究院，该院由此成为华东地区设备规模最大、工艺最全的增材制造技术服务平台，也是国内船舶与海洋工程领域内规模最大最全的3D打印中心，为船舶、海工装备制造等行业一些关键设备和复杂零部件制造提供了良好的硬件基础。

## 2. 2019 年海洋经济工作举措

（1）推进《江苏省海洋经济促进条例》颁布实施

2019年3月29日，江苏省第十三届人大常委会第八次会议审议通过全国首部促进海洋经济发展的地方性法规——《江苏省海洋经济促进条例》（以下简称《条例》）。《条例》共设7章52条，对强化海洋经济发展统筹协调、厘清各相关部门海洋经济管理职责、分区域指导海洋经济发展和管理、构建现代海洋产业体系、加强海洋经济发展服务与保障等促进海洋经济高质量发展的制度体系进行较为全面的规范，并有所创新和突破，为解决江苏海洋经济高质量发展中的深层次问题、回应广大涉海企业关切和期盼提供了法律依据。

（2）强化海洋经济运行监测评估

完成江苏省第一次全国海洋经济调查，成为首个通过国家级验收的省份，并取得优秀等次。开展海洋经济监测评估，发布2018年度

《江苏省海洋经济统计公报》，开展季度、半年度、年度海洋经济运行监测分析，出版发行《江苏省海洋经济发展报告（2018）》，编制完成《江苏省海洋经济发展报告（2019）》。部署开展全省海洋经济运行统计监测，印发全省海洋经济监测评估工作要点，召开全省海洋经济工作暨海洋经济统计业务培训会，在全国率先将海洋经济监测评估延伸到非沿海地区，强化对市县业务指导，扎实推进海洋经济统计、监测、评估工作全省覆盖。

（3）开展海岸带综合保护利用规划编制前期研究

跟踪国家海岸带综合保护利用规划编制工作开展进程，启动江苏省规划编制前期研究。在收集整理相关基础资料的基础上，着重对风险识别、目标确定、功能分区、开发布局、生态修复等专题进行前期研究，并提出具有江苏特色的海岸带保护开发指标体系与目标建议。

**专栏5　江苏连云港海洋经济发展示范区建设情况**

畅通国际陆海联运通道。强化班列全程化运营，首次开启"日韩—连云港—蒙古"国际物流循环运输，拓展形成国际集装箱过境运输北向通道。开发国际班列时效分析系统，对国际班列通关时效数据"画像"，精准查找影响班列效率的关键环节。首创的"保税＋出口"集装箱混拼业务获得海关总署自贸司批复同意，推行"船车直取"零等待，提升国际班列运输效率。

促进贸易便利化。成立国内首个海事海关危险品联合查验中心，建立"1+4"船载危险货物联合查验机制。推行综合保税区非保税货物监管新模式，拓展仓储货物按状态分类监管范围，实施便捷进出区管理。强化信息化、智能化运用，开发"蓝宝星球"货运交易平台，开展公路运力交易智能撮合。运用智能水尺观测船等设备，实现大宗散货"非接触式"称重。铁路审单、口岸定舱等多项业务实现"网上办"。打造独具连云港特色的国际贸易"单一窗口"，报文标准达 372 种，位居全国口岸前列。

推进跨境电商产业发展。获批国家跨境电商零售进口试点城市，全面整合跨境直购、网购保税备货、海运快件、国际邮件交换等跨境业态，取得多项业务突破。全面开展 9610 进出口业务，探索开展 1210 网购保税备货模式，迅速恢复国际海运快件业务，积极推进国际邮件互换局申建。

加强海洋生态环境保护。全面推进"湾长制"试点工作，已建立市、县、镇、村四级湾长制体系，已基本形成"以海定陆、以陆护海、网格协同、信息保障"的"湾长制"模式，工作成效不断凸显。2019年连云港市海域环境状况总体良好，年均值优良点位占比与上年相比上升 16.7 个百分点。

---

**专栏6 江苏盐城海洋经济发展示范区建设情况**

立法先行，全方位规范。滨海湿地滩涂资源是盐城市最具特色、最为宝贵的海洋资源，盐城市委、市政府高度重视滩涂湿地资源的综合保护工作，要求通过立法手段，实施最严格、最规范的保护。2019年 6 月 21 日，《盐城市黄海湿地保护条例》（以下简称《条例》）由盐城市第八届人民代表大会常务委员会第二十一次会议通过，经江苏省第十三届人民代表大会常务委员会第十次会议批准，自2019年9月1日起施行。《条例》对黄海湿地进行了明确的界定，分七章四十七条，从规划、保护、利用、监督管理、法律责任等方面作出规范，全方位保护盐城黄海湿地。同时，盐城、南通两市的12家法院签订《黄海湿地生态环境保护司法协作框架协议》，形成司法保护合力，切实提高黄海湿地保护、管理和利用水平。

保护为要，多举措推进。东台片区以资源保护为首要目标，全力推进绿色发展和可持续发展。一是积极发展海洋生态旅游。加快推进以黄海国家森林为主的沿海森林建设，配合条子泥生态公园、黄海湿地生态公园等自然生态旅游景点建设，不断提升生态旅游产品档次，逐步形成集观光旅游、休闲度假、滨海垂钓、餐饮食宿为一体的特色鲜明的海洋生态旅游产业带。二是大力推进海洋新能源产业发展。中国节能环保集团有限公司在东台沿海建成全国最大的"风光渔"一体化发电站，也是全球单体最大的滩涂地面光伏电站，其最上层进行风力发电，中间层进行太阳能发电，最下层进行水面养殖，实现立体综合开发利用。积极推动海上风电建设，广恒新能源20万千瓦海上风电项目成功并网发电，国华四期（H2）30万千瓦、双创新能源竹根沙（H2）30万千瓦海上风电项目进入施工阶段。三是着力推进沿海生态渔业和渔港经济发展。积极发展高效设施渔业，大力发展鳗鱼、鲖鱼、沙蚕、鲆鲽鱼等特色水产品养殖，打造沿海现代渔业标准化规模养殖示范区、国家级种苗繁育中心和全国最大的温室沙蚕养殖基地。加快推进方塘河海洋渔港经济区发展，打造集特色渔业、渔港产业、风情镇村为一体的渔港产业经济区。

集约利用，高层次发展。滨海片区走园区式开发之路，依托滨海工业园区，通过一批重大项目建设，着力培植全市海洋经济发展新引擎和增长极。一是完成滨海港工业园区总体规划编制。提升滨海港工业园区管理层级，由县级管理改为市政府直接管理，集中全市资源加快园区建设。重新编制滨海港工业园区发展总体规划，对港口发展、基础设施建设和重大项目进行科学布局安排。二是加快园区基础设施配套建设。滨海港工业园区累计投入约65亿元。滨海港国家一类开放口岸实现试运行，10万吨级通用码头、煤码头建成使用，50平方千米工业启动区实现"七通一平"。三是加快重大项目落地建设。滨海工业园区签订宝武2 000万吨精品钢项目、金光生态循环科技项目、中国海洋石油集团有限公司300万吨LNG储备项目等一批重大项目合同。

## 3. 2020 年海洋经济重点工作

一是推进《江苏省海洋经济促进条例》贯彻实施。二是强化海洋经济运行监测评估。三是开展"十四五"海洋经济发展规划前期研究和规划编制。四是完成海岸带综合保护利用规划前期研究。五是完成海洋经济高质量发展评价指标体系研究试点。六是强化海洋经济发展试点示范。

# 第六节 上海市

## 1. 2019 年海洋经济发展成效

2019 年，上海市海洋经济平稳发展。据初步核算，全年实现海洋生产总值 10 372 亿元，首次突破万亿元，比上年名义增长 8.3%，约占全市国内生产总值的 27.2%。海洋第一产业、第二产业、第三产业增加值占海洋生产总值比重分别为 0.06%、30.9% 和 69.1%。

### （1）海洋渔业

全市近海以渔业资源养护为主，深远海养殖、捕捞成为发展趋势。2019 年远洋捕捞产量累计达 18.5 万吨，比上年增长 21.1%；共回运自捕水产品 14.4 万吨，占远洋捕捞总量的 77.8%。中国船舶工业（集团）公司第七〇八研究所和上海耕海渔业有限公司签署了首个具有自主知识产权的深远海养殖工船设计合同，推动深远海养殖装备实现产业化。上海长兴岛渔港有限公司发起成立中国水产流通与加工协会帝王蟹分会，进一步推动了深远海产品在国内市场流通交易。

### （2）海洋船舶及海工装备

船舶海工业整体呈高端化、智能化、稳步发展的趋势，船型结构持续优化。2019 年，全市船舶海工业三大造船指标两升一降，其中，造船完工量和新承接订单量分别为 752 万载重吨和 616 万载重吨，分别比上年增长 16.2% 和 25.7%；手持订单量 1 551 万载重吨，比上年下降 7.7%。沪东中华造船（集团）有限公司建造的海洋渔业综合科学调查船"蓝海 101""蓝海 201"达到国际先进水平。第四代 17.4 万立方米双燃料动力 LNG 首制船"天枢星"号命名交付，2.3 万标准箱 LNG 动力超大型集装箱船下水。上海振华重工（集团）股份有限公司建造的世界最大的自升平台式碎石整平船"一航津平 2"号下水并投入运行。上海外高桥造船有限公司开工建造我国首艘国产大型邮轮。

### （3）海洋交通运输及航运服务

海洋交通运输业呈现智能化发展。上海国际港务（集团）有限公司打造的洋山深水港智能重卡示范运营项目成为全国首个"5G+ 智能驾驶"的智慧港口。中国远洋海运集团有限公司经营船队综合运力达 10 455 万载重吨 /1 315 艘，排名世界第一。其中，集装箱船队规模 308 万标准箱 /508 艘，居世界第三；干散货船队运力 3 984 万载重吨 /411 艘，油轮船队运力 2 540 万载重吨 /202 艘，杂货特种船队运力 446 万载重吨 /160 艘，均居世界第一。航运服务功能不断优化，上海航运交易所着力完善"上海航运"指数体系。根据新华 – 波罗的海国际航运中心发展指数排名，上海位列全球第四，国际地位稳步提升。

### （4）海洋旅游业

海洋旅游业发展稳中有增。2019 年，上海累计接待国内旅游者 36 140.51 万人次，比上年增长 6.4%；接待入境游客 897.23 万人次，比上年增长 0.4%。邮轮市场进一步下探。2019 年，上海港接待国际邮轮靠泊 259 艘次，其中以上海为母港的邮轮 226 艘次，邮轮旅客吞吐量 189.35 万人次，比上年下降 31.2%。宝山区获批国内首个邮轮旅游发展示范区。

### （5）海洋可再生能源利用业

海洋可再生能源利用业发展平稳，东海大桥海上风电场一期、二期，临港海上风电场一期、二期以及崇明、奉贤等 6 个沿岸风电场正常运行，现有装机规模 67.9 万千瓦，年发电量 13.9 亿千瓦时。

## 2. 2019 年推动海洋经济发展主要举措

### （1）推进海洋经济长三角一体化协同发展

成功举办"长三角海洋经济示范城市一体化高质量发展研讨会"。崇明长兴岛、浦东、盐城、南通、舟山、宁波等地海洋经济主管部门签署了《长三角海洋经济示范城市一体化高质量发展合作备忘录》，明确重点围绕构建工作机制、推动海洋产业园区和重点涉海企业协同发展、研究海洋产业创新规划、打造信息服务平台等工作，共同推进长三角海洋经济高质量一体化发展。

### （2）完成海洋经济调查主体任务

上海市第一次全国海洋经济调查工作，通过产业调查和专题调查验收，形成涉海单位名录及数据类、报告类成果，开发建设海洋经济调查成果应用平台，基本掌握全市海洋经济基础信息。

### （3）加强海洋经济运行监测与分析评估

完成《海洋统计报表制度》《海洋生产总值核算制度》定期数据采集，形成月度、季度、半年、年度等频次海洋产业和涉海企业数据 7 000 余条；完成市、区两级海洋生产总值核算；开展涉海企业经营状况和需求建议问卷调研；编制完成 2019 年上半年和 2019 年度《海洋经济运行监测分析报告》。

## 专栏 7　上海全球海洋中心城市建设情况

开展政策研究。组织智库围绕全球海洋中心城市的概念内涵、功能特征以及上海建设全球海洋中心城市的意义价值、目标定位和重点内容等开展了专题研究。研究提出上海全球海洋中心城市建设的目标、任务应结合上海推进"五个中心"建设和落实"三大任务",从全市层面统筹推进;同时推动在重点区域、重点领域率先突破,形成特色和亮点。研究加快构建具有全球竞争力的现代海洋产业体系、积极抢占世界海洋科技创新制高点、构建上海全球海洋中心城市生态屏障、着力建设全球海洋文化交流会客厅、共同推动建设海洋命运共同体、积极打造长三角海洋高质量发展新范本并提出了政策措施建议。

举办专题论坛。举办"全球海洋•中心城市"论坛。中国科学院院士及国内外海洋领域的相关嘉宾、专家学者等约 50 人参加活动。与会专家学者聚焦上海建设全球海洋中心城市的战略定位和发展思路,开展了深入探讨。

## 专栏 8　上海崇明（长兴岛）海洋经济发展示范区建设情况

发展壮大船舶海工产业。2019 年,上海崇明(长兴岛)海洋经济发展示范区海洋特色主体产业功能突出,船舶与海洋工程装备产业加快集聚,多项产品和技术获得新突破。江南造船(集团)有限责任公司建成我国第一艘自主建造的极地科学考察破冰船"雪龙 2"号。沪东中华造船(集团)有限公司自主研发的全球第四代 17.4 万立方米低蒸发率双燃料低速机直推型 LNG 船,在推进效率与环保性能方面达到国际先进水平。上海振华重工(集团)股份有限公司岸桥设备占据全世界 70% 以上的份额。中国远洋海运集团完成脱硫改造项目 86 个，手持脱硫项目订单超过 100 个，脱硫项目完成数和手持订单量居全球第一。

持续深化海洋科技创新。引导企业持续加快科技创新步伐，对标世界一流企业，坚持市场需求引领，围绕产品研发，聚焦生产设计，积极研发和升级性能优异、技术领先、具有广阔市场前景的系列产品。加快突破核心技术壁垒、推进强化传统产业优势，打造创新发展全链条。江南造船（集团）有限责任公司的先进焊接实验室、智能制造实验室先后揭牌成立。沪东中华造船（集团）有限公司整合 LNG 低温系统技术、复杂机电集成技术、大型钢结构技术，积极培育二次开发和组合应用的技术能力，为拓展应用产业提供了技术支持。

加快实施产城融合。加快实施长兴海洋装备产业园区建设，在园区内重点推进上海船舶运输科学研究所国家重点实验室、阳光海悦科创城、临港长兴科技园等重大项目建设。推进海洋生态小镇建设，谋划长兴岛地铁站周边开发规划策略，开展道路和交通枢纽等基础设施建设方案研究。有序推进 4 个住宅地块出让前期准备工作，建成圆沙社区配套小学及幼儿园并投入使用，推进上海实验小学长兴分校前期准备工作，开展渔港小镇组合地块及度假村地块招商推介工作。完成市政道路工程等 4 个项目建设，全力推进长兴医院、中海二期动迁房、渔港功能区等周边配套道路设施建设。

积极推进海洋渔业服务平台建设。积极推进渔业国际贸易和远洋渔业合作，聚焦活品帝王蟹、金枪鱼和三文鱼贸易等核心业务，建设国际金枪鱼交易中心，努力提升码头、冷库、暂养池、补给系统和物业等设施的综合效能，加快推进渔业价值链增值服务。

### 3. 2020 年海洋经济工作重点

一是推进重点海洋经济区域创新。二是规划"十四五"时期海洋经济发展方向。三是加强金融对海洋经济发展的支持作用。四是推动长三角海洋经济高质量发展，健全长三角海洋经济高质量发展工作机制，推进务实合作。五是提升海洋经济运行监测评估能力。

# 第七节　浙江省

## 1. 2019 年海洋经济发展成效及举措

2019 年，浙江省海洋经济发展各项工作继续取得明显成效。据初步核算，2019 年全省海洋生产总值达到 8 125 亿元，比上年名义增长 9.1%，占地区生产总值比重为 13.0%。海洋第一产业、第二产业、第三产业增加值占海洋生产总值比重分别为 6.6%、29.7% 和 63.7%。

（1）不断强化组织领导与顶层设计

进一步推进实施《关于加快建设海洋强省国际强港的若干意见》《浙江省现代海洋产业发展规划（2017—2022）》《浙江省"5211"海洋强省建设行动实施纲要》等海洋经济相关规划方案。按省委统一部署精简相关领导小组成员单位，高规格保留浙江海洋经济发展示范区工作领导小组及舟山群岛新区工作领导小组。编制印发 2019 年浙江省海洋强省行动重点任务清单，梳理形成 105 项年度重点工作任务，并做好督促推进工作。

（2）深入推进舟山群岛新区建设

充分发挥海洋、海岛资源优势，打好新区涉海涉港战略举措组合拳，大、小鱼山绿色石化基地一期投产，百年波音公司首个海外工厂建成投用，甬舟铁路前期、宁波舟山港主通道等一批重大项目顺利推进。浙江自由贸易试验区、舟山江海联运服务中心建设取得明显成效，围绕油气全产业链发展，基本建成国内最大的保税燃料油加注中心、华东最大的油品煤炭等大宗物资储运基地。

（3）全面推进宁波、温州两个海洋经济发展示范区建设

2019年7月，浙江省政府正式批复实施宁波、温州两个海洋经济发展示范区总体建设方案。浙江省发展和改革委员会联动省级相关部门积极推进国家赋予的示范区建设任务，宁波、温州两市政府坚持边谋划边建设，印发配套实施方案及年度任务清单，及时建立统筹推进机制，各项建设取得阶段性成效。宁波海洋经济发展示范区加速建设亚运会分赛区场馆，中国海洋论坛、数字海洋（渔业）智慧发展论坛等会展活动相继开展。温州海洋经济发展示范区编制《蓝色海湾指数评估技术指南》。积极发挥民营经济支撑作用，吸引民间投资参与海洋经济发展累计达21.62亿元，其中投入民间资本5.6亿元参与受损沙滩生态修复。

（4）巩固提升全省港口一体化成果

加强全省港口资源整合，进一步提升海洋港口发展、建设、运营、管理的一体化水平，深化推进改革创新，加快推动一体化2.0版。2019年，全省沿海港口生产呈现先抑后扬态势。一季度，沿海港口货物吞吐量同比下降0.2%，宁波舟山港外贸货物仅增长0.8%，二季度开

始逐渐回升。全年全省沿海港口完成货物吞吐量 13.5 亿吨，比上年增长 0.8%；完成集装箱吞吐量 3 063 万标准箱，比上年增长 3.0%。其中，宁波舟山港完成货物吞吐量 11.2 亿吨，比上年增长 3.7%；完成集装箱吞吐量 2 753.5 万标准箱，比上年增长 4.5%，增速虽比去年有所放缓，但货物吞吐量、集装箱吞吐量仍继续稳居全球第一位和第三位。

（5）聚焦聚力打造现代海洋产业体系

积极推进实施现代海洋产业发展规划，聚焦现代海洋产业发展"55340"行动。继续发挥沿海产业集聚区对海洋经济发展的支撑作用，加快推进全省开发区（园区）整合提升。依托大湾区建设和沿海地区临港产业发展，全省布局打造 35 个海洋经济特色功能区块，其中已有 12 个印发建设实施方案，形成传统产业、特色优势产业、未来产业统筹推进的海洋产业发展格局。滚动实施海洋经济发展重大建设项目实施计划。2019 年，安排 302 个项目，项目总投资 7 504.2 亿元。修订海洋（湾区）经济发展专项资金管理办法，安排拨付 2019 年专项资金 20 亿元，并做好绩效跟踪评价工作。

（6）多角度发力海洋生态文明建设

印发实施《浙江省近岸海域污染防治实施方案》。严格环保准入制度，实行"一票否决"。发挥海洋环保海陆联动机制优势，强化入海排污口规范整治，实现在线监测全覆盖。加强海洋生态红线管控和海洋保护区监督管理，完善推进"湾（滩）长制"试点工作并被全国推广。2013—2019 年，全省七大入海河流水质稳定向好，4 条河流的水质保持稳定，3 条河流的水质有所提升。全省地表水水质优良比例达到 87.8%，劣 V 类水比例为 0。沿海沿湾地区生态环境质量不断改善，有效支撑了海洋渔业、滨海旅游业等海洋产业发展。

### (7) 全方位提升海洋科教水平

组织实施大型海洋工程装备、海洋信息化、海洋新材料、海洋潮流能等领域省级科技重点研发项目，涉海涉港科技平台载体扶持力度进一步加大，涉海涉港高新技术企业、科技型中小企业持续做大做强。深入实施《浙江省高校海洋学科专业建设与发展规划》，加快推进浙江海洋大学和浙江大学海洋学院建设，加大涉海类人才培养力度，提升涉海类人才培养质量。推进涉海类教学平台建设，立项建设 3 个涉海类省级大学生校外实践教育基地，立项建设 3 个涉海类省级重点建设实验教学示范中心；实施中等职业学校质量提升行动计划，评选涉海类"浙江省中职创新创业教育实验室" 1 个，涉海类"浙江省现代化成人学校" 3 所，舟山市定海区被评为"浙江省示范学习型城市"，浙江国际海运职业技术学院获批浙江省"海洋与船舶工程技术国际科技合作基地"。

> **专栏9　浙江宁波海洋经济发展示范区建设情况**
>
> 加快培育特色优势海洋产业。宁波海洋经济发展示范区（以下简称"宁波示范区"）在产业发展方向上突出绿色生态特色，不断培育生态型特色优势海洋产业。一是海洋装备制造业重大产业项目推进顺利。重点谋划建设以风电产业为核心的海工装备基地，已签约项目 8 个。新日星项目、波威重工大型机械加工制造项目、象山赛帆创业园等续建项目进展顺利。二是海洋新材料产业发展迅猛。宁波激智科技股份有限公司、宁波勤邦新材料科技有限公司建成海洋光学薄膜产品的生产线，浙江钰烯腐蚀控制股份有限公司建成海洋防污防腐产品的生产线。膜材料生产基地和膜研发创新中心正式开工建设。三是海洋

生物医药业发展潜能进一步被挖掘。宁波生物产业园被成功认定为省级小微产业园。生物制药平台实验室获生物安全二级实验室备案认可。四是海洋旅游业发展取得新成效。松兰山国家AAAAA级旅游度假区、影视城国家AAAAA级景区等创建工作加快推进，第22届中国（宁波象山）开渔节、首届宁波湾国际滨海旅游节等节庆活动陆续开展，杭州亚运会沙滩排球赛、帆船帆板赛均落户象山，大目湾新城亚帆基地、宁波湾滨海华侨城等重点工程全速推进。五是渔港经济加快发展。苗种繁育体系建设等23个总投资81.1亿元的重点项目加快推进，打鼓峙国际水产品冷链物流基地项目扎实开展，高塘挪威三文鱼养殖基地获6 000万欧元投资。

着力提升海洋科技创新能力。海洋智慧科技区块内的海洋科技力量进一步集聚，产教研深度融合的海洋科技创新体系加速构建。一是加快建设海洋科技创新载体平台，谋划建设杭州未来科技城（海创园）专业园、宁波示范区象山主体区专家服务基地。引进机械科学研究总院南方中心，组建海洋复合材料增材制造装备、智能成型装备、金属粉末制备装备等尖端创新团队，为临港装备区块企业提供技术指导。引进中国电力科学研究院创新分中心，有序推进无线电频谱、海上10G通信链路等试验研究。梅山岛上的三创基地研发园企业总部二期项目进展顺利。宁波生物产业园与浙江医药高等专科学校签署共建合作协议，成立教育实习基地；与中国药科大学共建的GMP实训中心项目完成可行性研究报告编制。二是加大涉海人才引进力度。通过柔性引才等途径，引进涉海高层次人才项目2个，硕士研究生以上学历涉海人才60余名，其中"国千人才"团队1个。

扎实提升国内外开放合作水平。宁波示范区坚持经贸合作与人文交流并举,区内外开放功能持续提升,与周边区域的合作进一步深化。一是推进口岸开放和对外经营。梅山保税港区5.7平方千米范围内的基础和监管设施顺利通过封关验收,将通过提升口岸通关效率、复制推广自由贸易试验区创新制度等措施,扶持服务梅山口岸的整车进口、肉类水产品进口、大宗木材进口、重大件货物出口等特色项目,助推梅山保税港区向综合保税区转型升级。继续做好象山新港码头临时开放工作,2019年石浦口岸贸易完成进出口99个航次,吞吐量6 580.8吨,进出口贸易额2 671.3万美元,与上年相比略有增长。二是推进海洋科技人文交流。以"创新海洋蓝色经济绿色发展模式,推进海洋经济高质量发展"为主题,在宁波示范区主体区成功举办第十五届中国海洋论坛,在宁波示范区拓展区成功举办第二届数字海洋(渔业)智慧发展论坛以及中国·宁波第三届生命健康创业创新大赛暨第四届宁波生物产业发展论坛等活动。与台州三门联合举办了首届三门湾区域合作与发展论坛,建立了公共交通一体化、渔业资源联合保护、旅游合作及精品旅游路线推荐、教育发展联盟等一批跨区域合作机制。

## ◎专栏10　浙江温州海洋经济发展示范区建设情况

不断深化海洋经济改革。一是创新海域管理制度。完善海域综合管控机制,做好海域养殖规划,探索开展"标准海"改革,发布实施"标准海"出让标准、养殖用海生态保护与管理暂行办法;实施"湾(滩)长"制度,以公开招标形式,吸收第三方力量参与海域管理。二是探索地方标准，开展海岛差异化发展标准改革，审议和发布"海上花园"建设标准、小型休闲船艇管理等17项"洞头标准"改革，破解了部分海岛发展的瓶颈制约。创新海洋经济金融产品，实施普惠金融改革试点，实施企业贷款"无还本续贷"，设立"台湾青年筑梦担保基金"。开展海岛综合开发与保护试点，探索海岛旅游发展用地改革路径和创新模式，有序推进海洋生态碳汇（蓝碳）试点等。

积极吸引民资参与建设。瓯江口产业集聚区作为温州海洋经济发展示范区（以下简称"温州示范区"）核心区块之一，2019年，实现民间投资31.83亿元，比上年增长13.1%。洞头区民间投资（不含房地产）比上年增长89.6%。瓯江口临港制造业快速发展，如威马新能源智能汽车项目落户瓯江口，填补了温州整车研发制造领域的空白。中电温州电子信息产业园、丰树汽车零配件先进制造产业基地、奔腾激光（温州）有限公司生产基地、长江汽车电子扩建项目等加快推进。洞头区的临港石化业初显雏形，总投资超90亿元的温州首个LNG接收站项目开工建设；浙江中燃华电能源有限公司、温州中石油燃料沥青有限责任公司、浙江弘博新材料科技有限公司项目落户投产，积极打造海洋科创平台，温州海洋科技创业园引进电子信息、生物医药、激光与光电、新材料等领域企业15家。

持续提升海岛生态文明。一是实施园区生态修复。国家海洋特色产业园区作为温州示范区核心区块之一，浅滩二期《生态评估报告》《生态修复方案》通过浙江省自然资源厅评审，"破堤通海"模式获得评审专家充分肯定。二是实施"蓝色海湾"整治。《蓝色海湾指数评估技术指南》被运用于评价全国"蓝色海湾"整治行动工程及滨海生态修复项目的实施效果。三是实施"蓝碳"试点。推进海洋生态系统修复和"污染物中和"项目建设，有望每年新增固碳约 77 万吨、吸收约 700 吨氮、85 吨磷。四是实施生态养殖，国内首创实施"深水养殖＋休闲渔业＋岛礁观光"模式，推进白龙屿生态海洋牧场建设。2019 年，温州示范区实现生态环境投资占财政收入的 5.33%，实现入海污水排放达标率 100%。

加快发展海洋新兴产业。一是做大做强大小门岛临港产业区能源石化业。大小门岛临港产业区作为温州示范区核心区块之一，加快推进中国石油化工集团有限公司温州 LNG、交通建筑工业化等一批重点项目，积极洽谈对接投资 120 亿元的丙烷脱氢项目、中国石油化工集团有限公司浙江石油分公司温州油库及配套码头项目，完成丙烷脱氢项目备忘录签订；谋划温州洞头 LNG 配套项目，积极争取石油炼化一体化项目落户大小门岛。二是全力拓展状元岙港区港航物流业，状元岙港区作为温州示范区核心区块之一，投资 200 亿元的邮轮小镇项目已完成中区概念性方案。三是大力发展旅游业，洞头海洋生态经济区作为温州示范区核心区块之一，以生态美带动产业美，综合开发渔、港、景等海洋资源，洞头区旅游总人数和旅游总收入年均增速保持在 20% 左右，旅游从业人口占就业人口 20% 以上。

## 2. 2020 年海洋经济工作重点

一是优化海洋经济发展的统筹协调机制。二是继续深化全省港口一体化发展。三是着力推进海洋经济发展示范区建设。四是构建智慧海洋产业体系。五是布局甬台温临港产业带建设。六是启动生态海岸带建设。

# 第八节 福建省

## 1. 2019 年海洋经济发展成效

2019 年，福建省海洋经济继续保持较快增长。据初步核算，全年全省海洋生产总值达到 12 046 亿元，比上年名义增长 12.7%，占全省地区生产总值的 28.4%。海洋产业结构持续优化，海洋第一产业、第二产业、第三产业增加值占海洋生产总值比重分别为 5.6%、32.2% 和 62.2%。

（1）海洋产业持续升级

2019 年，全省水产品产量 815 万吨，渔民人均纯收入 23 003 元，水产品出口创汇、远洋渔业和境外水产养殖规模居全国第一。拥有规模以上修造船企业 80 家，其中具备修造万吨级以上船舶能力的企业 50 家，年造船能力 400 万载重吨。深海采矿船、半潜深海渔场、汽车滚装船、海洋救助船研发建造全球领先。

（2）港航设施持续完善

截至 2019 年年底，全省沿海港口生产性泊位共 496 个，其中万吨级以上泊位 185 个，深水泊位占比 37.3%，已具备停靠世界集装箱船、邮轮和散货船最大主流船型条件。2019 年，港口货物吞吐量 5.95 亿吨，比上年增长 6.6%，集装箱吞吐量 1 725.97 万标准箱，比上年增长 4.8%。建成各类渔港 294 个，渔船就近避风率达 67%，海洋防灾减灾能力不断提升。

（3）海洋生态持续向好

落实海洋生态红线制度，建设沿海基干林带 50 293 公顷，修复海岸线98.15千米。全省拥有国家级海洋公园7个、涉海国家级自然保护区4个。产地水产品质量安全监督抽查合格率99.1%，连续11年保持在97%以上。

## 2. 2019年推动海洋经济发展主要举措

### （1）抓重点产业发展

研究出台《关于加快水产养殖业绿色发展的十三条措施》等政策文件，安排1.2亿元海洋经济发展补助资金，用于支持海洋生物医药及制品、海洋新材料、海洋工程装备、现代水产冷链物流工程等项目建设。同时，全省整合不同专项资金集中使用，支持打造海洋经济创新发展示范带动工程、渔业转型升级建设工程、海洋渔业对外合作工程、海洋科技创新促进工程、渔业资源养护工程、渔港建设工程、"智慧海洋1234"工程、海洋产业融合工程、海洋文化建设工程、海洋渔业管理提升工程等海洋强省"十大工程"。在海洋高新技术应用和产业化开发领域，共安排资金约1.3亿元，支持130余个海洋科技项目建设。

### （2）抓港航设施建设

港航基础设施投资持续多年超过100亿元，并安排港口公共基础设施、核心港区公共码头建设贷款贴息，以及航运业、集装箱发展扶持奖励资金。制定实施福建省渔港布局与建设规划、加强渔港建设管理等政策文件，开展渔港经济区建设试点，安排财政补助资金8.2亿元用于支持渔港和产业融合项目建设。实施百个渔港建设、千里岸线减灾、万艘渔船应急的"百千万"工程。

（3）抓载体平台升级

推进福州、厦门海洋经济发展示范区建设，编制实施海洋经济发展示范区建设总体方案，统筹推进海洋资源要素市场化配置、涉海金融服务模式创新、海洋新兴产业链延伸和产业配套能力提升、创新海洋环境治理与生态保护模式等主要示范任务。对渔港、海洋科研平台等建设项目和海洋产业技术改造项目，给予预算内投资、技术改造投资等专项资金补助，积极培育海洋科技创新机构、海洋产业园区。完善海洋环境实时立体观测系统，构建全国首个省级海洋智能网格预报系统。

（4）抓海洋开放合作

推进"海上丝绸之路"核心区建设，坚持"引进来"与"走出去"并举、经济合作与人文融合并重，加快建设互联互通的重要枢纽、经贸合作的前沿平台、体制机制创新的先行区域、人文交流的重要纽带。举办国际性大型海洋展会活动，加强与"海上丝绸之路"相关国家和地区的海洋交流合作。特别是主动融入中国—东盟国家合作框架，率先谋划与东盟国家的合作项目。

（5）抓海洋生态保护

加强规划引领，深入实施《福建省海岸带保护与利用管理条例》《福建省海洋环境保护规划（2011—2020）》《福建省海域海岛海岸带整治修复保护规划》等一系列政策法规、规划。强化海洋环保目标责任制，出台了《福建省生态文明建设目标评价考核办法》及其配套文件，将近岸海域水质状况、海洋保护区面积、自然岸线保有率等指标纳入考核体系。建立海陆一体化海洋生态环境保护合作机制，对全省12个海洋工程建设项目开展海洋生态损害补偿试点。加大近岸海域、陆域、流域综合整治，实施"碧海银滩"工程和海岛生态修复项目。

　　积极推进福州海洋经济发展示范区（以下简称"福州示范区"）项目建设。2019年以来，福州示范区工作以"项目年、招商年、服务基层年"为抓手，主动融入"海上福州、数字福州、平台福州"建设，全市共75个海洋经济类项目列入福州示范区建设项目库，投资额共832亿元。截至2019年年底，共完成投资150亿元，超过年度计划投资15%，其中13个项目竣工投产，总投资额42.5亿元。"振鲍1号""振渔1号""福鲍1号"自动化、智能化养殖平台相继投入试生产。福州宏东食品有限公司、福州海汇生物科技实业有限公司、长乐聚泉食品有限公司等7家企业的海洋药物与生物制品项目基本完成。三峡海上风电装备产业园成功构建了一条新的百亿元产业链。

　　加快建设资源要素市场化配置机制。在福州市连江县开展以海洋资源为重要内容的自然资源资产负债表编制及其价值实现机制试点，建立"政府＋企业＋金融＋渔民"的"四元"协同运作机制，实现静态生态资源向动态价值产出、生态优势向经济优势的两个"转变"。推进连江县黄岐镇大建村"养殖海权改革"试点，实行所有权、使用权、经营权"三权分置"，《海域使用权证》《水域滩涂养殖证》"两证联用"，统一投资建设生态环保养殖设施，有效解决养殖户资金短缺问题。健全海域、无居民海岛资产价格评估机制，通过价格评估确定拟出让海域、海岛使用权出让底价，建立海域海岛收储制度，设立市、县两级海域海岛收储机构，实现沿海各县（市）区收储机构全覆盖。创新海产品交易模式，推动连江宏东现代水产品交易市场、元洪国际食品展示交易中心等项目建设，建立"元洪在线"线上交易服务平台。

创新拓展涉海金融服务模式。加大政策支持，出台《关于金融支持海洋渔业民营企业发展的三条措施》，加大金融支持民营企业力度，提升海洋渔业民营企业融资便利水平；构建金融对接平台，启动海峡基金港，推动在福州银行机构与海洋渔业行业协会合作；扩大融资比重，推动符合条件的涉海企业上市挂牌融资，2019年有6家涉海企业被列入福州市重点上市后备企业。完善信贷服务机制，海峡银行将连江支行定位为涉海专营机构，针对海洋产业的特点和需求，为企业、养殖户量身打造特色金融产品，推出了"微捷贷""惠农e贷""鲍鱼贷""惠渔贷"和船舶资产抵押贷等产品，贷款余额超过40亿元。加大融资对接力度，多次组织海峡银行、中国邮政储蓄银行、中国农业发展银行等金融机构召开座谈会，对接企业金融需求，进一步深化政银企沟通协作机制。

---

### 专栏12　福建厦门海洋经济发展示范区建设情况

加快建设厦门东南国际航运中心。着力打造核心港区，厦门港东渡区泊位、海沧航道扩建四期、海沧疏港通道、厦门第二西通道等重点工程稳步推进。打响"丝路海运"品牌，开通三批共计50条以"丝路海运"命名的航线。中国首家中央企业邮轮公司内地运营总部落户厦门，完成"鼓浪屿"号邮轮命名活动暨首航仪式。2019年接待邮轮136艘次，比上年增长41.67%；邮轮旅客吞吐量达41.37万人次，比上年增长27.38%。

稳步发展海洋新兴产业。快速发展海洋生物产业，开发多种形态微藻 DHA、"双糖"胶囊、新型鲨鱼肽、壳聚糖医用敷料、医用藻酸盐纱布等海洋生物制品，抗结肠癌新药 K-80003 进入美国一期临床试验，DNA 聚合酶、水解酶等海洋工具酶已开发成功并产业化，培育了金达威集团股份有限公司、厦门蓝湾科技有限公司、厦门汇盛生物有限公司、厦门致善生物科技股份有限公司、厦门恩成制药有限公司等一批海洋生物医药高技术企业。着力提升海洋高端装备产业竞争力，开发 7500PCTC 新型滚装船、2800 客滚邮轮等特种船舶，研发光纤放大器、浊度传感器、海产品组胺速检测等传感器，培育了厦门船舶重工股份有限公司、罗普特科技集团股份有限公司、厦门三优光电股份有限公司、厦门斯坦道科学仪器股份有限公司、新诺北斗航科信息（厦门）股份有限公司等一批企业。

全面推进海洋创新发展。提升海洋产业公共服务平台功能，共 22 个平台（实验室）纳入海洋产业公共服务平台共享系统，2019 年共对外提供科研服务 11 717 次，比上年增长 14.6%；服务企业 199 家，比上年增长 25.2%。持续增加海洋新型创新载体，厦门南方海洋研究中心基地加快建设，南方海洋创业创新基地新增孵化项目 11 个，累计入驻项目 37 个。海洋渔船通导与安全装备及渔港动态管理平台项目已在 876 艘渔业小型船舶上安装使用，"雪亮工程"等项目立项实施。

持续加强海洋生态建设。坚持尊重海洋、顺应海洋、保护海洋，坚持陆海统筹，建设美丽厦门、美丽海洋，打造国家级海洋生态文明示范区。扎实开展系列海洋生态修复行动，推进海堤开口、海域清淤、海湾综合整治、沙滩修复、红树林湿地重构，加强白海豚等海洋珍稀物种保护、海域增殖放流、海岛生态保护，累计投入 70 亿元。其中，获国家"蓝色海湾"整治行动项目资金 4 亿元，完成清淤面积 50 平方千米，海沧湾岸线整治 25.4 万平方米，完成 7 个海堤开口，提升了厦门湾水文动力。

## 3. 2020 年海洋经济工作重点

一是推进福州、厦门海洋经济发展示范区建设。二是推进海洋产业高质量发展。三是推进涉海基础设施建设。四是加快海洋科技创新。五是继续抓好海洋生态文明建设。六是拓展海洋开放合作。

# 第九节　广东省

## 1. 2019 年海洋经济发展成效

2019 年，广东省海洋经济总量继续保持全国首位。据初步核算，全年全省海洋生产总值达 21 059 亿元，比上年名义增长 9%，占全省地区生产总值的 19.6%。海洋第一产业、第二产业、第三产业增加值占海洋生产总值比重分别为 1.9%、36.4% 和 61.7%。

（1）海洋传统产业保持稳定增长

2019 年，海洋渔业稳中向好发展，全年全省海水产品产量 455.2

万吨，比上年增长 1.3%。海洋船舶工业逐步回暖，全年全省造船完工量 245.5 万载重吨，比上年增长 10.0%；国内首个无人船研发测试基地——珠海香山海洋科技港正式建成。海洋油气开采稳步增长，2019 年全省天然气产量 112.1 亿立方米，比上年增长 9.4%；原油产量 1 475.1 万吨，比上年增长 5.9%。海洋石化重大项目扎实推进，德国巴斯夫投资的广东湛江石化一体化项目正式开工；惠州埃克森美孚、中海壳牌三期等项目进展顺利；大亚湾石化区具备了年产 2 200 万吨炼油、220 万吨乙烯的生产能力；茂名建成了炼油能力达到 2 500 万吨 / 年、综合配套能力达到 2 000 万吨 / 年的石油炼油基地，原油加工和乙烯生产能力均处于国内第一方阵。

（2）海洋新兴产业不断发展壮大

海洋生物医药业集聚发展，深圳大鹏海洋生物产业园、坪山国家生物产业基地、广州生物岛、中山国家健康科技产业基地等一批海洋生物医药产学研合作平台和孵化推广基地在海洋生物医药产业中发挥集聚行业资源的积极作用。海洋可再生能源利用重大项目和装备加快建设，美国通用电气公司在广东揭阳设立的海上风电总装基地项目正式开工；全省近海浅水区海上风电项目全部核准完成；大万山岛波浪能示范工程完成环评公示；全国首座深远海波浪能养殖网箱"澎湖号"正式投入生产，可提供 1 万立方米养殖水体。海洋工程装备制造业延续复苏态势，全年全省海洋工程装备完工合同金额 63.7 亿元，比上年增长 21.7%；海洋工程装备完工 32 座，比上年增加 10 座；海洋工程新承接订单为 13 个，比上年增加 6 个；海洋工程装备手持订单 96 个。海水利用业稳步发展，珠海三角岛海水淡化及供水保障项目完成投资 1 800 万元，海水淡化工程配套水池基本完成。

### （3）海洋服务业持续发挥带动作用

海洋旅游业快速增长。2019 年，沿海城市接待游客 5.3 亿人次，比上年增长 8.5%；海洋旅游总收入 11 782.7 亿元，比上年增长 11.5%，其中国际旅游收入 1 297.6 亿元，比上年增长 8.0%。海洋交通运输业发展稳中有进。2019 年，沿海港口货物吞吐量和集装箱吞吐量分别为 16.8 亿吨和 5 976 万标准箱，比上年分别增长 10.8% 和 4.0%。截至 2019 年年底，全省港口共开通国际集装箱班轮航线 366 条。

## 2. 2019 年推动海洋经济发展主要举措

### （1）举办 2019 中国海洋经济博览会

2019 年 10 月 14 日至 17 日，广东省政府与自然资源部联合主办 2019 中国海洋经济博览会（以下简称"海博会"）。海博会期间配套举办了互动体验、成果发布、推介签约、项目路演四类活动，吸引了来自 21 个国家的 455 家展商参展，28 个国家和地区的 9.7 万人次参观了海博会。举办海洋经济高端论坛 12 场；开展活动 357 场，其中项目推介会 19 场；110 余家企业参加投融资路演类活动；首发新技术新产品 432 项；签约成交 394 项，金额 7.4 亿元；达成意向合作 1 013 项，金额 18.4 亿元。成功举办粤港澳海洋合作发展论坛，发布了广东海洋经济地图、广东海洋 70 年画册等一批重大成果。

### （2）完成第一次全国海洋经济调查

2019 年，广东省第一次全国海洋经济调查通过国家验收评审，此次调查完成涉海单位清查、产业调查、海洋相关产业单位调查以及海岛海洋经济、海洋防灾减灾、海洋工程与围填海、海洋节能减排、临海开发区专题的单位调查。形成名录类成果 13 册，数据集成果 6 册，报告类成果 9 册。

（3）强化海洋经济宏观指导

一是加快推动粤港澳大湾区海洋经济发展。广东省委、省政府印发《中共广东省委　广东省人民政府关于贯彻落实〈粤港澳大湾区发展规划纲要〉的实施意见》《广东省推进粤港澳大湾区建设三年行动计划（2018—2020 年）》等政策文件，进一步明确粤港澳大湾区发展海洋经济、筑牢蓝色生态屏障等具体工作。制订支持深圳建设中国特色社会主义先行示范区有关工作机制以及支持广州推动"四个出新出彩"行动方案，大力推动深圳全球海洋中心城市建设，支持广州实现"四个出新出彩"，通过"双区驱动""双城联动"带动粤港澳大湾区海洋经济发展。二是打造现代化沿海经济带。广东省委、省政府印发实施《关于构建"一核一带一区"区域发展新格局促进全省区域协调发展的意见》，以沿海 14 市为新时代全省发展主战场，打造现代化沿海经济带。以海洋六大产业为重点，全面推动海洋经济高质量发展。印发《广东省加快发展海洋六大产业行动方案（2019—2021 年）》。省财政从 2018 年起共安排 9 亿元专项资金，重点支持海洋六大产业创新发展，累计支持项目 172 个。提出海洋电子信息、海洋工程装备制造、海洋生物、海洋可再生能源等新兴产业进一步迈向高端化、智能化，成为海洋经济转型升级的新动能，海洋高端装备制造、海上风电等千亿元级海洋新兴产业集群初具雏形的发展目标。

（4）加强海域和岸线管理

严格围填海管控，广东省政府印发《广东省加强滨海湿地保护严格管控围填海实施方案》，稳妥处理围填海历史遗留问题，2019 年完成处置项目总面积 5 599.9 公顷，完成总任务量的 56.0%。开展海岸线使用指标交易试点工作，制定试点方案，明确海岸线使用指标交易试点的内容及交易指标、交易对象，规定指标交易收益的分配方法，规范指标交易的流程及交易活动的监管与维护。推进海岸线修测，完成全省 14 个沿海地级以上市海岸线外业测量和内业处理工作，累计完成海岸线测量总长度约 5 800 千米。

（5）推进无居民海岛市场化出让试点及示范性海岛建设

出台《广东省自然资源厅关于无居民海岛使用权市场化出让办法（试行）》，优化全省无居民海岛使用权市场化出让程序，为深入推进无居民海岛市场化出让奠定政策基础。推进珠海三角岛"公益＋生态旅游"开发新模式，打造集科普教育、主题体验、海上运动和休闲度假于一体的海岛旅游综合体。积极推动石碑山角领海基点主题公园建设，将其打造成为"唯一性、政治性、科普性"的旅游景点。

（6）提升海洋科技创新水平

在珠海、广州、湛江三地启动建设南方海洋科学与工程广东省实验室，16 位院士团队和 31 个核心团队加盟，科研人员超过 700 人。全省共建有省级以上涉海平台 150 多个。规划布局建设新型地球物理综合科学考察船、南海海底科学观测网、天然气水合物钻采船（大洋钻探船）、可燃冰环境生态观测实验装置等海洋领域大科学装置。加强海洋领域核心关键技术攻关，投入 1.19 亿元实施广东省重点领域研发计划"海洋高端装备制造及资源保护与利用"专项。国内最长、最深的海底大地电磁探测成果入选 2019 年度中国十大海洋科技进展。ST-246 型饱和潜水作业支持船"海龙"号建造完成并交付，填补了国内高端饱和潜水支持船自主建造的空白。加大海洋人才培养，在广东省重大人才工程中设立"海洋经济"领域，支持海洋经济领域创新创业团队 4 个和科技领军人才 14 名。

（7）推进海洋生态建设

印发实施《关于推进广东省海岸带保护与利用综合示范区建设的指导意见》，加快海岸带保护与利用综合示范区建设。省级财政从 2019 年起，连续 3 年每年投入 5 亿元专项资金加强海岸线生态修复和重点海湾整治。开展"蓝色湾区"守护行动，编制《粤港澳大湾区海岸带生态保护修复减灾三年行动计划（2020—2022 年）》，重点推动海堤生态化改造、沿海防护林建设等 15 个方面重点工程。构建粤港澳大湾区海洋生态修复项目库。实施海洋工程建设项目生态损害补偿制度，落实增殖放流、人工鱼礁等生态修复措施。开展围填海历史遗留问题生态修复工程。举办首届国土空间生态修复十大范例评选活动，深圳湾滨海红树林湿地生态修复、珠海市淇澳岛红树林湿地保护修复、汕头南澳岛"蓝色海湾"整治行动三个海洋生态修复项目获得"十大范例奖"。加快推进"湾长制"试点工作，发布《关于加快推进"湾长制"试点工作的通知》。开展入海排污口核查及清理整顿工作，印发《广东省入海排污口分类核查指导意见》。

（8）加强海洋防灾减灾能力建设

实施省级海洋预警报能力升级改造项目二期建设。印发实施《广东海洋防灾减灾规划（2018—2025 年）》，着力构建与海洋经济发展相适应的防灾减灾体制机制，全面提高全社会抵御海洋灾害的综合防范能力。开展海平面变化影响调查评估工作，编制《2019 年广东海平面变化影响调查评估工作报告》。开展海洋防灾减灾宣传教育活动，发布《2018 年广东海洋灾害公报》。

## 专栏 13　深圳全球海洋中心城市建设情况

突出重点，实现海洋经济跨越发展。综合考虑国际海洋产业发展趋势、深圳的产业基础优势和经济结构特点，以海洋新兴产业为重点，以海洋金融等高端服务业为核心，着力引导和推动海工装备、海洋电子信息、海洋生物医药、海洋资源开发利用、海洋金融服务、港口航运服务等海洋产业高质量发展。以"大海工、大港航、大远洋、大旅游"撬动蓝色经济发展，提升城市核心竞争力，推动海洋产业集聚发展，提升海洋经济的全球影响力。

对标国际，构建海洋科技创新体系。充分发挥深圳的科技创新优势，整合和集聚国内外海洋科技力量，通过设立海洋教育科研机构、聚集海洋高端人才、提升企业自主创新能力、规划建设海洋科技创新走廊、加强海洋科技服务等举措，建立从基础研究、应用研究到成果转化的全链条海洋科技创新体系，并从人才和空间保障等多方面营造科技创新环境，大力提升海洋科技创新和转化能力，保障深圳海洋事业健康发展的持久竞争力。

绿色发展，凸显海洋城市文化特色。从点到面、陆海联动，全面落实海洋生态文明建设，传承和发展海洋文化，促进蓝色文明与城市文明的有机融合，营造陆海融合、人海和谐的国际海滨城市氛围，提升深圳海洋文化在全球的影响力。提升海洋生态环境质量，构建世界级绿色活力海岸带，彰显海洋文化特色，打造国际滨海旅游城市。

整合资源，提升海洋综合管理能力。运用海洋管理的新理念、新方法，重点从健全海域管理体制机制、完善海洋规划体系、加强海洋基础能力建设等方面，提升海洋法制化、精细化管理水平，以地方实践为探索，推动建立具有中国特色的海洋综合管理体制机制，全面促进海洋治理现代化。

放眼世界，积极参与全球海洋治理。充分发挥深圳面向南海、毗邻东南亚的区位优势，加强与共建"一带一路"国家在海洋领域的合作，助力"21世纪海上丝绸之路"建设，争取在国际海洋领域的法律、规则、行业标准制定方面发出"中国声音"。

提升影响，高标准打造"海洋第一展"。充分利用展会、论坛等方式向国际推介深圳海洋产业发展成就，宣传全球海洋中心城市建设成果，提升深圳国际影响力。将海博会引入深圳，以打造"中国海洋第一展"为目标，建设高质量、高水平、有广泛影响力、国际一流的海洋经济综合展示交流合作平台，使其成为对外展示中国海洋经济发展成果的重要窗口和展示全球海洋经济发展方向及最新成果的重要窗口，服务国家海洋强国建设。

## 专栏14 广东深圳海洋经济发展示范区建设情况

推进重点领域海洋科技创新。深圳通过电子信息产业的延伸与嫁接，在海洋电子信息设备、海洋信息技术服务领域实现了技术创新。在海洋船舶电子信息设备方面，依托国家特种计算机工程技术研究中心，积极拓展船舶电子技术研究和应用示范，船载高性能计算平台、船载显示控制平台、船舶监控平台、加固计算机产品、无人船设备等实现了产业化应用。在海洋观测和探测设备方面，开展全自动水底地貌测绘机器人系统和全自动水质采样监测无人船研发，实现了水质采样、在线监测、地貌测绘等功能。在海洋信息与技术服务方面，依托同步卫星或低轨道卫星、"水面机器人＋无人机"、水下光纤环网，打造海洋信息大数据平台，参与海洋信息产业标准制定。

培育壮大海洋新兴产业。深圳海洋经济发展示范区依托项目带动海洋新兴产业发展壮大。通过重点推进大鹏海洋生物产业园扩建工程，打造了集研发、中试、产业化为一体的海洋特色产业园区，涉及海洋生物能源开发、海洋生物育种等领域的 30 多个企业和优质项目落户园区。将中国国际海运集装箱（集团）股份有限公司海工总部迁至深圳前海，带动了海工装备及相关配套产业发展。以太子湾邮轮码头、游艇公共码头开发为重点，加快基础设施建设，为促进邮轮游艇产业发展营造了良好环境。

激发创新创业活力。相继印发《关于加快发展高端航运服务业的指导意见》《前海深港现代服务业合作区海洋经济发展专项规划》《前海深港现代服务业合作区海洋经济发展行动计划》，为海洋产业发展提供了政策引导。为促进航运业发展，深圳完成了 3 项省级管理事项的行政标准化文件起草和全部管理事项在权责清单系统的信息比对、录入，将"经营国际船舶管理业务（内资）"事项由行政许可调整为备案，有效激发航运市场活力。推出国内首创航运业大数据综合服务平台——"航付保"，以"互联网＋航运"方式建立航运征信服务平台，实现金融支持中小民营实体经济政策落地。建设深港船舶出入港信息共享平台，加强粤港船舶交通协同管理，实现动态信息共享。编制水上客运交通专项规划，建设前海码头，建设海上交通线路和基础设施。

**专栏 15　广东湛江海洋经济发展示范区建设情况**

推进临港工业重大项目建设。广东湛江海洋经济发展示范区坚持海洋产业和产品上下游配套、同类产业和企业集中，围绕海洋产业发展一系列相关生产和服务，使资源得到有效利用，形成产业链和特色产业集聚发展。目前，钢铁、石化、造纸三大临港工业发展迅速，湛江钢铁基地项目宝钢湛江钢铁基地一期工程建成投产，2019 年实现工业产值 389 亿元，成为撬动湛江发展的重要杠杆；湛江钢铁三号高炉系统项目正式开工，四号、五号高炉项目正在组织项目规划方案编制及相关前期工作；中科炼化一体化项目如期建成投产；巴斯夫广东一体化生产基地项目启动建设；冠豪高新改造升级项目一期工程已建成并投入运营，2019 年实现工业产值 24.5 亿元，二期 40 万吨原纸项目完成项目建议书的编制工作。

增强海洋科技支撑力量。加快实施创新驱动发展战略，推动涉海企业、科研机构、大专院校协同创新，开展重大关键技术协同攻关，有效促进海洋科技创新与产业发展深度融合，推动资金、资源、科技、人才等要素向产业集中，海洋科技支撑力量不断增强。南方海洋科学与工程广东省实验室（湛江）首批 9 项科研项目启动，湛江海洋科技产业创新中心加快建设。

## 3. 2020 年海洋经济工作重点

一是完善海洋强省建设机制，全面谋划和动员部署海洋资源保护与开发利用工作，建立健全法律制度体系。二是推进海洋经济高质量发展，优化海洋产业结构和空间布局，推进优势产业提质增效和新兴产业加速发展。三是助推国际创新中心建设，实施重大科技创新工程，着力突破一批重大关键性和共性技术。四是加强海洋生态环境保护，强化陆海污染综合治理。五是推进形成高水平全面开放新格局。

# 第十节　广西壮族自治区

## 1. 2019 年海洋经济发展成效及举措经验

2019 年，广西壮族自治区海洋经济继续保持较高增长势头。据初步核算，全年全区海洋生产总值达到 1 664 亿元，比上年名义增长 13.4%，占地区生产总值的 7.8%。海洋第一产业、第二产业、第三产业增加值占海洋生产总值的比重分别为 15.8%、29.9% 和 54.3%。

（1）出台发展向海经济系列文件

积极谋划新时期海洋管理政策措施，印发实施《中共广西壮族自治区委员会　广西壮族自治区人民政府关于加快发展向海经济推动海洋强区建设的意见》《广西壮族自治区海洋局关于海域、无居民海岛有偿使用的实施意见》《广西海洋生态环境修复行动方案（2019—2022）》《广西海洋现代服务业发展规划（2018—2025）》，广西海洋经济被赋予"三大定位"和"向海经济"的新时代精神，向海经济的顶层设计进一步完善。

### （2）保障重大项目用海需求

严格落实国家围填海管控新要求，全力推动自治区人大常委会法制工作委员会对"不改变海域自然属性用海的方式"进行释法，出台不改变海域自然属性用海审批管理办法，保障了钦州港东航道扩建工程、兰州至海口高速广西钦州至北海段（牛骨港一桥）改扩建工程项目、防城港钢铁基地铁路专用线工程项目、钦州港三墩岛30万吨级油码头管道等涉及西部陆海新通道和自由贸易试验区的13个重大项目建设用海需求，涉及用海面积650多公顷。

### （3）实行海砂开采海域使用联合出让

贯彻落实中央决策部署，保障香港机场用砂需求，创新海域使用出让方式，全国首创海砂采矿权和海域使用权联合出让，圆满完成香港机场扩建项目供砂任务，为全国海砂"两权"联合出让提供了经验参考。

---

**专栏16　广西北海海洋经济发展示范区建设情况**

加大海洋经济对外开放合作力度。北海港口岸正式扩大开放，出口加工区获批国家高新技术产品全球入境维修/再制造北海海洋经济发展示范区和广西首批CBA先行先试示范基地，北海出口加工区整合优化为北海综合保税区。龙港新区和桂合产业合作北海示范区获批设立。铁山港（临海）工业区成为北海首个千亿元产值的园区。北海－澳门葡语系国家产业园、玉港合作园、桂台产业合作北海示范区、蜀海川港产业合作园等项目建设加快推进。成功举办第15届中国－东盟博览会中国"魅力之城"系列活动、第六届中国－东南亚国家海洋合作论坛、海上丝绸之路（北海）旅游产业发展投资大会等一系列重大活动，展示了北海开放合作新形象。

统筹推进海、陆、空综合交通网络建设。开工建设北海机场站坪扩建工程，规划建设北海第二机场。设计时速350千米的合浦至湛江高速铁路前期工作顺利推进，铁山港1～4号泊位铁路专用线进港铁路完成搬迁并开工建设。铁山港石头埠作业区1号、2号泊位工程和公共执法码头工程进展顺利。

积极推进海洋生态文明建设。2019年，北海近岸海域水质优良率达90%。红树林面积由2011年的3 038公顷增加到2019年的4 193公顷。强化"绿水青山就是金山银山"意识，制定实施《推进生态立市行动方案》，出台了《北海市涠洲岛生态环境保护条例》《北海市沿海沙滩保护条例》，对涠洲岛、沙滩、红树林等立法保护，划定海岸线300米控制线。对廉州湾进行清理整治和生态修复，修建亲水岸线。严格落实各级河长巡河制度，开展旺盛江－湖海运河－清水江水库"四乱"集中清理整治专项行动，推进涠洲岛水库扩容工程建设。

## 2. 2020 年海洋经济领域的重点工作

一是筹办广西壮族自治区向海经济大会。二是做好海洋领域规划编制工作。三是推进广西北海海洋经济发展示范区和海洋经济创新发展示范城市建设。四是打造向海经济产业示范园。五是建设和完善海洋站、浮标、船舶等观测平台与卫星遥感相结合的立体海洋观测网。

# 第十一节　海南省

## 1. 2019 年海洋经济发展成效及举措

2019 年，海南省海洋经济发展稳中有进。据初步核算，全省实现海洋生产总值 1 717 亿元，比上年名义增长 8.5%，海洋生产总值占全省地区生产总值的 32.3%。海洋第一产业、第二产业、第三产业增加值占海洋生产总值比重分别为 16.1%、14.6% 和 69.3%。

（1）现代海洋产业体系加快培育，新兴海洋产业逐渐发展壮大

在邮轮游艇产业发展领域，成立海南省邮轮游艇产业领导小组，印发《海南邮轮港口海上游航线试点实施方案》；出台《中国（海南）自由贸易试验区琼港澳游艇自由行实施方案》，推动琼港澳游艇自由行，形成便于操作、规范清晰的游艇出入境政策体系、管理机制。在油气资源开发领域，自然资源部、海南省人民政府、中国海洋石油集团有限公司三方签署战略合作协议，联合编制并印发实施《重点海域先导试验区建设总体方案（2018—2030 年）》和《第一阶段实施方案（2018—2020 年）》。在海水淡化领域，目前全省共有 16 个海水淡化工程项目。在海洋可再生能源利用领域，以海上风力发电为主，目前在东方市、文昌市、儋州等区域共分布有 5 个海洋风电项目，总装机容量 35 万千瓦。

（2）重点基础设施建设有序开展，有力保障海洋经济发展

沿海港口已基本形成"四方五港多点"的整体布局形态，全省港口目前共有生产性泊位 153 个，其中万吨级及以上深水泊位 78 个，设计年通过能力约 2.6 亿吨。2019 年，全省主要港口完成货物吞吐量

19 209 万吨，比上年增长 8.4%；集装箱吞吐量 268 万标准箱，比上年增长 11.7%。渔港初步形成以中心渔港为核心、一级渔港为骨干、二三级渔港为补充的渔港体系，建有各级渔港 44 座，其中，中心渔港和一级渔港 12 座。以沿海高速公路、环岛铁路为骨干的综合立体交通运输网络已经成型，构建了海陆相连、空地一体、衔接良好的立体交通网络，全面提升了港口枢纽纵深辐射功能。海洋公共服务体系初步建立，船舶管理、渔政海监、监测预报、防灾减灾等综合管理业务，基本实现了近岸重点区域的监视覆盖，同时，海洋环境监测、海事救援已经延伸到西沙、南沙和中沙区域。

（3）海洋科技资源加快集聚，创新发展环境不断改善

2019 年，海南省不断优化创新发展环境，着重加强海洋科技创新创业平台建设，引进涉海高校、科研机构和创新型企业。热带海洋生物医药新药研发技术平台、南海微生物资源化利用创新服务平台、国家钢结构工程技术研究中心海洋工程装备钢结构中试示范平台项目等一批创新平台立项建设。三亚崖州湾深海科技城建设全面启动，中国海洋大学、武汉理工大学、浙江大学，中国水利水电科学研究院、中国地质调查局三亚南海地质研究所、上海交通大学三亚深海科技创新公共平台，招商工业装备研究院、中国船舶重工集团有限公司深远海科技中心等一批先导性项目实现落地。目前，累计有 4 家国家级科研机构、4 家中央企业和 5 所大学已经入驻或达成明确入驻意向，在建项目 32 个，2019 年以来累计完成投资 56.52 亿元。

（4）生态文明建设稳步推进，海洋生态环境持续良好

全面推进"蓝色海湾"整治行动、"南红北柳"红树林湿地修复工程和"生态岛礁"保护修复工程。全力推动海口、陵水"蓝色海湾"

整治行动，海口市"蓝色海湾"整治行动项目成功获得 2.31 亿元的中央财政资金支持。2019 年，海南岛近岸海域大部分海水水质均符合国家第一类或第二类海水水质标准，海水水质优良率（面积占比）保持在 98% 以上。珊瑚礁生态系统和海草床生态系统基本保持其自然属性，生物多样性及生态系统结构相对稳定，为海洋经济可持续发展提供了坚实基础。

---

**专栏 17　海南陵水海洋经济发展示范区建设情况**

构建现代海洋产业体系，推进海洋重大项目建设。发挥自身区位优势，做好"育苗在陆地""养殖在深海"文章，引导和鼓励渔民将养殖业从"浅"向"深"转移，发展深水网箱养殖。2019 年 11 月，陵水县通过招商投资建设水产南繁苗种项目，计划 2021 年年底建成投产，预期年产值 5 500 万元。按照"山、海、城"互动，"文、旅、农"一体的思路，统筹协调滨海旅游、民俗风情文化旅游、休闲养生旅游，构建以海岸带－丘陵山地－山地森林为依托，山海互动的全县旅游大格局。目前，富力海洋主题公园六大区域正在加紧施工，迪卡斯水乐园基本建成，清水湾游艇码头正在申请成为永久开放口岸。

推进海洋生态文明建设，维护海洋生态系统健康。陵水县新村潟湖综合整治工程进入竣工验收阶段。近岸污染环境整治力度加强，退塘还林还湿 6 500 多亩，补种红树林 3 000 多亩。对海岸线排污口进行全面摸底排查，通过截污纳管、建设污水处理厂等措施，坚决治理污水排放问题，着力保护良好海洋生态环境。

完善涉海基础设施，推进黎安海风特色小镇建设。积极构建高效便捷、公平有序的高标准、现代化智能交通体系，健全完善各类公共设施，全面提升旅游服务设施水平。推进海南陵水海洋经济发展示范区（以下简称"陵水示范区"）内黎安海风特色小镇建设，项目累计投资达25.02亿元，已建成2 154户住宅，建筑面积达54万平方米，市政配套基本完善，为陵水示范区后续建设创造良好的基础条件。

## 2. 2020 年海洋经济工作重点

一是完善统筹协调机制，加强顶层设计。二是落实海南自由贸易港建设要求，推动海洋经济可持续发展。三是加快重点领域突破，建设特色现代海洋产业体系。四是提升创新发展能力，打造国家深海科技创新战略高地。五是坚持陆海统筹发展，加强海洋资源和生态环境保护。六是开展运行监测与评估，提高科学管理决策水平。

# 附　表

表 1　2019 年党中央和国务院发布的涉海法律法规及政策规划

| 政策 / 规划 | 发布机构 | 发布时间 |
|---|---|---|
| 《粤港澳大湾区发展规划纲要》 | 中共中央 国务院 | 2019-02-18 |
| 《关于支持深圳建设中国特色社会主义先行示范区的意见》 | 中共中央 国务院 | 2019-08-09 |
| 《交通强国建设纲要》 | 中共中央 国务院 | 2019-09-19 |
| 《长江三角洲区域一体化发展规划纲要》 | 中共中央 国务院 | 2019-12-01 |
| 《关于促进综合保税区高水平开放高质量发展的若干意见》 | 国务院 | 2019-01-25 |
| 《关于有效发挥政府性融资担保基金作用切实支持小微企业和"三农"发展的指导意见》 | 国务院办公厅 | 2019-02-14 |
| 《关于促进中小企业健康发展的指导意见》 | 国务院 | 2019-04-07 |
| 《关于统筹推进自然资源资产产权制度改革的指导意见》 | 中共中央办公厅 国务院办公厅 | 2019-04-14 |
| 《关于推进国家级经济技术开发区创新提升打造改革开放新高地的意见》 | 国务院 | 2019-05-18 |
| 《关于建立以国家公园为主体的自然保护地体系的指导意见》 | 国务院办公厅 | 2019-06-26 |
| 《中国（山东）自由贸易试验区总体方案》 | 国务院 | 2019-08-02 |
| 《中国（江苏）自由贸易试验区总体方案》 | 国务院 | 2019-08-02 |
| 《中国（广西）自由贸易试验区总体方案》 | 国务院 | 2019-08-02 |
| 《中国（河北）自由贸易试验区总体方案》 | 国务院 | 2019-08-02 |
| 《关于进一步激发文化和旅游消费潜力的意见》 | 国务院办公厅 | 2019-08-29 |

表 2　2019 年国务院有关部门发布的相关政策规划

| 海洋产业 | 政策/规划 | 发布机构 | 发布时间 |
|---|---|---|---|
| 海洋渔业 | 《关于乡村振兴战略下加强水产技术推广工作的指导意见》 | 农业农村部 | 2019-02-14 |
| | 《关于加快推进水产养殖业绿色发展的若干意见》 | 农业农村部、生态环境部、自然资源部、国家发展改革委、财政部、科学技术部、工业和信息化部、商务部、国家市场监督管理总局、中国银行保险监督管理委员会 | 2019-02-15 |
| | 《国家级海洋牧场示范区管理工作规范（试行）》 | 农业农村部 | 2019-09-12 |
| | 《关于成立海洋渔业资源评估专家委员会的通知》 | 农业农村部 | 2019-10-18 |
| 海洋船舶与海工装备产业 | 《关于印发制造业设计能力提升专项行动计划（2019—2022 年）的通知》 | 工业和信息化部、国家发展改革委、教育部、财政部、人力资源和社会保障部、商务部、国家税务总局、国家市场监督管理总局、国家统计局、中国工程院、中国银行保险监督管理委员会、中国证券监督管理委员会、国家知识产权局 | 2019-10-11 |
| | 《2019 年制造业与互联网融合发展试点示范项目名单》 | 工业和信息化部 | 2019-11-05 |
| | 《关于推动先进制造业和现代服务业深度融合发展的实施意见》 | 国家发展改革委、工业和信息化部、中央网信办、教育部、财政部、人力资源和社会保障部、自然资源部、商务部、中国人民银行、市场监督总局、统计局、版权局、银保监会、证监会、知识产权局 | 2019-11-18 |

| 海洋产业 | 政策/规划 | 发布机构 | 发布时间 |
|---|---|---|---|
| 海洋可再生能源业 | 《关于建立健全可再生能源电力消纳保障机制的通知》 | 国家发展改革委、国家能源局 | 2019-05-10 |
| | 《关于完善风电上网电价政策的通知》 | 国家发展改革委 | 2019-05-21 |
| | 《关于2019年风电、光伏发电项目建设有关事项的通知》 | 国家能源局 | 2019-05-28 |
| | 《提升琼州海峡客滚运输服务能力三年行动计划（2019—2021年）》 | 交通运输部办公厅、广东省人民政府办公厅、广西壮族自治区人民政府办公厅、海南省人民政府办公厅 | 2019-01-25 |
| 海洋交通运输业 | 《关于推进海南三亚等邮轮港口海上游航线试点的意见》 | 交通运输部 | 2019-04-08 |
| | 《智能航运发展指导意见》 | 交通运输部、中央网信办、国家发展改革委、教育部、科技部、工业和信息化部、财政部 | 2019-05-16 |
| | 《关于推广实施邮轮船票管理制度的通知》 | 交通运输部、公安部、文化和旅游部、海关总署、移民局 | 2019-08-21 |
| | 《大连港太平湾港区总体规划》 | 交通运输部、辽宁省人民政府 | 2019-09-06 |
| | 《关于建设世界一流港口的指导意见》 | 交通运输部、国家发展改革委、财政部、自然资源部、生态环境部、应急管理部、海关总署、市场监管总局、国家铁路集团 | 2019-11-19 |
| | 《关于做好2019年国家物流枢纽建设工作的通知》 | 国家发展改革委、交通运输部 | 2019-09-11 |
| | 《关于修改＜中华人民共和国国际海运条例实施细则＞的决定》 | 交通运输部 | 2019-11-28 |
| | 《横琴国际休闲旅游岛建设方案》 | 国家发展改革委 | 2019-04-09 |

续表

| 海洋产业 | 政策/规划 | 发布机构 | 发布时间 |
|---|---|---|---|
| 海洋旅游业 | 《关于支持海南开展人才发展体制机制创新的实施方案》 | 中央组织部、国家发展改革委、教育部、科技部、财政部、人力资源和社会保障部、国家卫生健康委 | 2019-08-06 |
| 其他 | 《中国—上海合作组织地方经贸合作示范区建设总体方案》 | 商务部 | 2019-10-28 |
| | 《产业结构调整指导目录（2019年本）》 | 国家发展改革委 | 2019-11-06 |

表 3　2019 年沿海地区发布的促进海洋经济发展的
相关法律法规与政策规划

| 地区 | 政策名称 | 发布机构 | 发布时间 |
|------|----------|----------|----------|
| 辽宁 | 《辽宁省建设具有国际竞争力的先进装备制造业基地工程实施方案》 | 辽宁省人民政府办公厅 | 2019-01-10 |
| | 《辽宁省推进运输结构调整三年行动计划（2018—2020 年）》 | 辽宁省人民政府办公厅 | 2019-02-18 |
| | 《关于进一步明确围填海历史遗留问题有关事项的通知》 | 辽宁省自然资源厅 | 2019-02-20 |
| | 《大连市推进共建"一带一路"实施方案》 | 大连市人民政府 | 2019-03-17 |
| | 《大连市渤海综合治理攻坚战作战方案》 | 大连市人民政府办公室 | 2019-05-15 |
| | 《沈阳建设"一带一路"东北亚枢纽行动方案》 | 沈阳市发展改革委 | 2019-07-03 |
| | 《辽宁省人民政府关于加快推进东北亚经贸合作打造对外开放新前沿的意见》 | 辽宁省人民政府 | 2019-10-11 |
| | 《丹东市湿地保护修复实施方案》 | 丹东市人民政府办公室 | 2019-10-24 |
| 河北 | 《关于大力推进沿海经济带高质量发展的意见》 | 中共河北省委、河北省人民政府 | 2019-02-25 |
| | 《河北省防治船舶污染海洋环境管理办法》 | 河北省人民政府办公厅 | 2019-03-08 |
| | 《中国（河北）自由贸易试验区管理办法》 | 河北省人民政府 | 2019-10-28 |
| | 《关于加快曹妃甸高质量发展的实施方案》 | 河北省人民政府办公厅 | 2019-11-27 |
| | 《关于加快沧州渤海新区高质量发展的实施方案》 | 河北省人民政府办公厅 | 2019-11-27 |

续表

| 地区 | 政策名称 | 发布机构 | 发布时间 |
|---|---|---|---|
| 天津 | 《天津市入海排污口排查整治专项行动工作方案》 | 天津市人民政府办公厅 | 2019-04-04 |
| | 《天津市加强滨海湿地保护严格管控围填海工作实施方案》 | 天津市人民政府办公厅 | 2019-04-26 |
| | 《关于天津市扩大开放构建开放型经济新体制若干措施的通知》 | 天津市人民政府办公厅 | 2019-05-06 |
| | 《天津临港海洋经济发展示范区建设总体方案》 | 天津市发展改革委、天津市规划和自然资源局 | 2019-08-08 |
| | 《关于建立更加有效的区域协调发展新机制的实施方案》 | 中共天津市委、天津市人民政府 | 2019-12-10 |
| 山东 | 《关于印发山东省现代化海洋牧场建设综合试点方案的通知》 | 山东省人民政府 | 2019-01-12 |
| | 《山东省打好渤海区域环境综合治理攻坚战作战方案》 | 山东省人民政府办公厅 | 2019-02-08 |
| | 《山东省海洋生态环境保护规划（2018—2020年）》 | 山东省生态环境厅、山东省人民政府办公厅 | 2019-02-24 |
| | 《关于做好围填海历史遗留问题处理有关工作的通知》 | 山东省海洋局 | 2019-03-11 |
| | 《山东省海域使用金减免管理办法》 | 山东省财政厅、山东省海洋局 | 2019-04-17 |
| | 《关于大力推进"现代优势产业集群＋人工智能"的指导意见》 | 山东省人民政府办公厅 | 2019-05-24 |
| | 《青岛市海岸带保护与利用管理条例》 | 青岛市人大常委会 | 2019-05-23 |
| | 《支持"蓝色药库"开发计划的实施意见》 | 青岛市人民政府办公厅 | 2019-06-28 |
| | 《山东省海域使用权招标拍卖挂牌出让管理办法》 | 山东省海洋局、山东省财政厅 | 2019-12-20 |
| | 《关于支持海洋战略性产业发展的财税政策的通知》 | 山东省财政厅、中共山东省委组织部、山东省发展改革委等16部门 | 2019-12-30 |

续表

| 地区 | 政策名称 | 发布机构 | 发布时间 |
|---|---|---|---|
| 江苏 | 《江苏省生态环境标准体系建设实施方案（2018—2022年）》 | 江苏省政府办公厅 | 2019-03-06 |
| | 《江苏省环境基础设施三年建设方案（2018—2020年）》 | 江苏省政府办公厅 | 2019-03-07 |
| | 《江苏省生态环境监测监控系统三年建设规划（2018—2020年）》 | 江苏省政府办公厅 | 2019-03-07 |
| | 《江苏省海洋经济促进条例》 | 江苏省第十三届人民代表大会常务委员会 | 2019-03-29 |
| | 《常州港港口总体规划（2018—2035年）》 | 江苏省人民政府 | 2019-09-28 |
| 上海 | 《上海市加强滨海湿地保护严格管控围填海实施方案》 | 上海市人民政府办公厅 | 2019-07-31 |
| | 《中国（上海）自由贸易试验区临港新片区管理办法》 | 上海市人民政府 | 2019-08-12 |
| | 《关于促进中国（上海）自由贸易试验区临港新片区高质量发展实施特殊支持政策的若干意见》 | 上海市人民政府办公厅 | 2019-08-30 |
| | 《关于同意设立绍兴滨海新区的批复》 | 浙江省人民政府 | 2019-11-25 |
| 福建 | 《关于印发经营性海上休闲船舶备案管理办法的通知》 | 厦门市人民政府福建省21世纪海上丝绸之路核心区建设工作领导小组办公室 | 2019-12-03 |
| | 《支持"丝路海运"发展政策措施（第一批）》 | 福建省21世纪海上丝绸之路核心区建设工作领导小组办公室 | 2019-12-09 |
| | 《关于平潭综合实验区国土空间总体规划的批复》 | 福建省人民政府 | 2019-12-27 |

续表

| 地区 | 政策名称 | 发布机构 | 发布时间 |
|---|---|---|---|
| 广东 | 《关于进一步促进科技创新若干政策措施的通知》 | 广东省人民政府 | 2019-01-07 |
| | 《广东省加强滨海湿地保护严格管控围填海实施方案》 | 广东省人民政府 | 2019-03-26 |
| | 《广东省海洋防灾减灾规划（2018—2025年）》 | 广东省自然资源厅 | 2019-05-28 |
| | 《广东省推进粤港澳大湾区建设三年行动计划（2018—2020年）》 | 广东省推进粤港澳大湾区建设领导小组 | 2019-07-05 |
| | 《关于贯彻落实〈粤港澳大湾区发展规划纲要〉的实施意见》 | 广东省委和省政府 | 2019-07-05 |
| | 《深圳前海深港现代服务业合作区高端航运服务业专项扶持资金实施细则》 | 深圳市前海深港现代服务业合作区管理局 | 2019-08-20 |
| | 《广东省加快发展海洋六大产业行动方案（2019—2021年）》 | 广东省自然资源厅、广东省发展改革委、广东省工信厅 | 2019-12-20 |
| 广西 | 《钦州港集装箱国际门户港数字化便利化一体化实施方案（2019—2020年）》 | 广西壮族自治区发展改革委、广西壮族自治区商务厅 | 2019-11-29 |
| | 《西部陆海新通道广西海铁联运主干线运营提升实施方案（2019—2020年）》 | 西部陆海新通道建设指挥部办公室 | 2019-11-29 |
| | 《西部陆海新通道综合交通基础设施建设实施方案（2019—2020年）》 | 西部陆海新通道建设指挥部办公室 | 2019-11-30 |
| | 《西部陆海新通道广西现代物流建设实施方案（2019—2020年）》 | 西部陆海新通道建设指挥部办公室 | 2019-12-01 |
| | 《关于支持文化旅游高质量发展用地政策》 | 广西壮族自治区人民政府办公厅 | 2019-12-04 |
| | 《关于促进中国（广西）自由贸易试验区高质量发展的支持政策》 | 广西壮族自治区人民政府 | 2019-12-25 |

| 地区 | 政策名称 | 发布机构 | 发布时间 |
|---|---|---|---|
| 海南 | 《关于印发海南省推进运输结构调整工作实施方案的通知》 | 海南省人民政府 | 2019-01-30 |
| | 《关于扩大进口促进对外贸易发展的若干措施的通知》 | 海南省商务厅 | 2019-02-01 |
| | 《海南省全面加强生态环境保护坚决打好污染防治攻坚战行动方案》 | 中共海南省委、海南省人民政府 | 2019-03-09 |
| | 《关于高标准高质量建设全岛自由贸易试验区为建设中国特色自由贸易港打下坚实基础的意见》 | 中共海南省委 | 2019-04-15 |
| | 《关于海口江东新区总体规划（2018—2035）的批复》 | 海南省人民政府 | 2019-05-25 |
| | 《中国（海南）自由贸易试验区琼港澳游艇自由行实施方案》 | 海南省人民政府办公厅 | 2019-06-20 |
| | 《海南邮轮港口海上游航线试点实施方案》 | 海南省人民政府办公厅 | 2019-07-17 |
| | 《三亚市旅游产业发展专项资金管理暂行办法》 | 三亚市人民政府 | 2019-07-23 |
| | 《海南省休闲渔业发展规划（2019—2025年）》 | 海南省发展改革委 | 2019-09-09 |
| | 《海南省加强红树林保护修复实施方案》 | 海南省人民政府办公厅 | 2019-11-28 |

表4　2019 年沿海地区海洋经济主要指标

| 沿海地区 | 海洋生产总值<br>（亿元） | 海洋生产总值占地区<br>生产总值比重（%） |
|---|---|---|
| 辽宁 | 3 465 | 13.9% |
| 河北 | 2 927 | 8.3% |
| 天津 | 5 399 | 38.3% |
| 山东 | 14 569 | 20.5% |
| 江苏 | 8 073 | 8.1% |
| 上海 | 10 372 | 27.2% |
| 浙江 | 8 125 | 13.0% |
| 福建 | 12 046 | 28.4% |
| 广东 | 21 059 | 19.6% |
| 广西 | 1 664 | 7.8% |
| 海南 | 1 717 | 32.3% |